U0295538

光伏组件设计与加工

主　编　张凤娟　谢　彪　苏蓓蓓
副主编　邓　芳　钱　颖　李红波

上海交通大学出版社
SHANGHAI JIAO TONG UNIVERSITY PRESS

内容提要

本书是与光伏应用技术专业、光伏产品检测技术专业和光伏技术相关专业相结合的新能源类教材，采用"项目导向，任务驱动"的模式组织教学内容。在任务中有任务目标、相关知识、任务实施等环节，让学生带着问题去学习，以提高学生的学习动力；还将实践操作（任务实施）和理论知识有机地结合起来。本书按照光伏组件设计、加工、检测等技术流程安排教学单元，即光伏组件系统的设计、光伏组件系统的安装与施工、光伏组件系统检测等，使教学单元完整且符合生产实际。本书根据学生的认知特点和课程内容的特点，编写时加入大量的实物图和表格，便于学生理解和接受。

本书可作为高等职业院校光伏发电技术及相关专业的教材，还可供从事光伏发电技术的专业人员参考使用。

图书在版编目（CIP）数据

光伏组件设计与加工 / 张凤娟，谢彪，苏蓓蓓主编.
—上海：上海交通大学出版社，2018
ISBN 978-7-313-20581-0

Ⅰ. ①光… Ⅱ. ①张… ②谢… ③苏… Ⅲ. ①太阳能
电池—设计 ②太阳能电池—加工 Ⅳ. ①TM914.4

中国版本图书馆 CIP 数据核字（2018）第 282585 号

光伏组件设计与加工

主　　编：张凤娟　谢彪　苏蓓蓓
出版发行：上海交通大学出版社　　　　　　　　地　　址：上海市番禺路 951 号
邮政编码：200030　　　　　　　　　　　　　　电　　话：021－64071208
出 版 人：谈毅
印　　制：上海天地海设计印刷有限公司　　　　经　　销：全国新华书店
开　　本：787mm×1092mm　1/16　　　　　　印　　张：9
字　　数：175 千字
版　　次：2018 年 12 月第 1 版　　　　　　　　印　　次：2018 年 12 月第 1 次印刷
书　　号：ISBN 978-7-313-20581-0/TM
定　　价：39.00 元

版权所有　侵权必究

告读者：如发现本书有印装质量问题请与印刷厂质量科联系

联系电话：021－64366274

前　言

太阳能是各种可再生能源中最重要的基本能源,生物质能、风能、海洋能、水能等都来自太阳能,广义地说,太阳能包含以上各种可再生能源。太阳能作为可再生能源的一种,则是指太阳能的直接转化和利用。通过转换装置把太阳辐射能转换成热能利用的属于太阳能热利用技术,再利用热能进行发电的称为太阳能热发电,也属于这一技术领域;通过转换装置把太阳辐射能转换成电能利用的属于太阳能光发电技术,光电转换装置通常是利用半导体器件的光伏效应原理进行光电转换的,因此又称太阳能光伏技术。

20世纪50年代,太阳能利用领域出现了两项重大技术突破:一是1954年美国贝尔实验室研制出6%的实用型单晶硅电池;二是1955年以色列Tabor提出选择性吸收表面概念和理论,并研制成功选择性太阳吸收涂层。这两项技术突破为太阳能利用进入现代发展时期奠定了技术基础。

20世纪70年代以来,鉴于常规能源供给的有限性和环保压力的增加,世界上许多国家掀起了开发利用太阳能和可再生能源的热潮。1973年,美国制订了政府级的阳光发电计划,1980年又正式将光伏发电列入公共电力规划,累计投入达8亿多美元。1992年,美国政府颁布了新的光伏发电计划,制定了宏伟的发展目标。日本在20世纪70年代制订了"阳光计划",1993年将"月光计划"(节能计划)、"环境计划"和"阳光计划"合并成"新阳光计划"。德国等欧盟国家及一些发展中国家也纷纷制订了相应的发展计划。20世纪90年代以来,联合国召开了一系列的有各国领导人参加的高峰会议,讨论和制订世界太阳能战略规划、国际太阳能公约,设立国际太阳能基金等,推动全球太阳能和可再生能源的开发利用。开发利用太阳能和可再生能源成为国际社会的一大主题和共同行动,也成为各国制定可持续发展战略的重要内容。

自"六五"计划以来,我国政府一直把研究开发太阳能和可再生能源技术列入国家科技攻关计划,大大推动了我国太阳能和可再生能源技术和产业的发展。

经过几十年的研究,太阳能利用技术在研究开发、商业化生产、市场开拓方面都获得了长足发展,成为世界上快速、稳定发展的新兴产业之一。

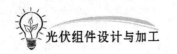

　　本书以第一代太阳能电池为对象,系统地介绍光伏(太阳能电池)组件生产各个环节的加工工艺,全书以产品加工工序为主线分为九章,主要包括光伏组件加工技术准备;原料检测与分检操作;焊带、汇流条、EVA 与 TPT 备料;单焊与串焊;层压操作;激光划片及拼接操作;装框、清洗与固化;产品检测与装箱等方面的内容。为更好地使职业教育与企业实际用工需求相接轨,探索职业教学的新方法和新理念,提升光伏专业学生的操作技能和综合素质,我们依据光伏产业的发展特点,结合学校的教学需求编写了本书。

　　光伏技术是一门新兴的学科,它的发展潜力十分巨大,新技术、新工艺正在不断涌现,教学理念和教学方法也在不断发展和更新,由于时间仓促,加上作者的水平有限,书中存在的不足之处,敬请读者批评指正。

张凤娟

2018 年 10 月

目　　录

第一章 光伏组件加工基础

任务一 光伏发电基础

一、光伏发电概述

电池行业是 21 世纪的朝阳行业,发展前景十分广阔。在电池行业中,最没有污染、市场空间最大的应该是太阳能电池,太阳能电池的研究与开发越来越受到世界各国的广泛重视。太阳的光辉普照大地,它是明亮的使者,太阳的光除了照亮世界,使植物通过光合作用把太阳光转变为各种养分,从而供人们食用,产生纤维质供人们做衣服,木材给人们建筑房屋以外,太阳的光还可以通过太阳能电池转变为电。太阳能电池是一种近年发展起来的新型电池。太阳能电池是利用光电转换原理使太阳的辐射光通过半导体物质转变为电能的一种器件,这种光电转换过程通常叫做"光生伏特效应",因此太阳能电池又称为"光伏电池"。用于太阳能电池的半导体材料是一种介于导体和绝缘体之间的特殊物质,与任何物质的原子一样,半导体的原子也是由带正电的原子核和带负电的电子组成,半导体硅原子的外层有 4 个电子,按固定轨道围绕原子核转动。当受到外来能量的作用时,这些电子就会脱离轨道而成为自由电子,并在原来的位置上留下一个"空穴",在纯净的硅晶体中,自由电子和空穴的数目是相等的。如果在硅晶体中掺入硼、镓等元素,由于这些元素能够俘获电子,它就成了空穴型半导体,通常用符号 P 表示;如果掺入能够释放电子的磷、砷等元素,它就成了电子型半导体,以符号 N 表示。若把这两种半导体结合,交界面便形成一个 P-N 结。太阳能电池的奥妙就在这个"结"上,P-N 结就像一堵墙,阻碍着电子和空穴的移动。当太阳能电池受到阳光照射时,电子接收光能,向 N 型区移动,使 N 型区带负电,同时空穴向 P 型区移动,使 P 型区带正电。这样,在 P-N 结两端便产生了电动势,也就是通常所说的电压。这种现象就是上面所说的"光生伏特效应"。如果这时分别在 P 型层和 N 型层焊上金属导线,接通负载,则外电路便有电流通过,如此形成的一个个电池元件,把它们串联、并联起来,就能产生一定的电压和电流,输出功率。制造太阳能电池的半导体材料已知的有十几种,因此太阳能电池的种类也很多。目前,技术最成熟,并具有商业价值的太阳能电池要属硅太阳能电池。

1953 年,美国贝尔研究所首先应用这个原理试制成功硅太阳能电池,获得 6% 光

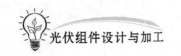

电转换效率的成果。太阳能电池的出现,好比一道曙光,尤其是航天领域的科学家,对它更是注目。这是由于当前宇宙空间技术的发展,人造地球卫星上天,卫星和宇宙飞船上的电子仪器和设备需要足够的持续不断的电能,而且要求重量轻、寿命长、使用方便,能承受各种冲击和振动的影响。太阳能电池完全能满足这些要求,1958年,美国的"先锋1号"人造卫星就是用了太阳能电池作为电源,成为世界上第一个用太阳能供电的卫星,空间电源的需求使太阳电池作为尖端技术,身价百倍。现在,各式各样的卫星和空间飞行器上都装上了布满太阳能电池的"翅膀",使它们能够在太空中长久遨游。我国1958年开始进行太阳能电池的研制工作,并于1971年将研制的太阳能电池用在了发射的第二颗卫星上。以太阳能电池作为电源可以使卫星安全工作达20年之久,而化学电池只能连续工作几天。

但是,由于太阳能电池空间应用范围有限,且当时太阳能电池造价昂贵,其发展受到限制。20世纪70年代初,世界石油危机促进了新能源的开发,开始将太阳能电池转向地面应用,随着技术的不断进步,光电转换效率不断提高,成本大幅度下降。时至今日,光电转换已展示出广阔的应用前景。

太阳能电池近年也被人们用于生产、生活的许多领域。1974年世界上第一架太阳能电池飞机在美国首次试飞成功,激起了人们对太阳能飞机研究的热潮,太阳能飞机从此飞速地发展起来,只用了六七年时间太阳能飞机便从飞行几分钟、航程几千米发展到可成功飞越英吉利海峡。现在,最先进的太阳能飞机,飞行高度可达2万多米,航程超过4 000千米。另外,太阳能汽车发展速度也很快。

在建造太阳能电池发电站上,许多国家也取得了较大进展。1985年,美国阿尔康公司研制的太阳能电池发电站,使用了108个太阳板、256个光电池模块,年发电能力达到300万度。德国1990年建造的小型太阳能电站,光电转换率可达30%以上,适用于为家庭和团体供电。1992年,美国加利福尼亚州公用局又开始研制一种"革命性的太阳能发电装置",预计可供加州1/3的用电量。用太阳能电池发电确实是一种诱人的方式,据专家测算,如果能把撒哈拉沙漠太阳辐射能的1%收集起来,足够全世界目前所有能源的消耗。

在生产和生活中,太阳能电池已在一些国家得到了广泛应用,在远离输电线路的地方,使用太阳能电池给电器供电是节约能源、降低成本的好办法。芬兰制成了一种用太阳能电池供电的彩色电视机,太阳能电池板就装在住家的房顶上,还配有蓄电池,保证电视机的连续供电,这样既节省了电能又安全可靠。日本则侧重把太阳能电池应用于汽车的自动换气装置、空调设备等民用工业。我国的一些电视差转台也已用太阳能电池为电源,因其投资少,使用方便,很受欢迎。

当前,太阳能电池的开发应用已逐步走向商业化、产业化。小功率、小面积的太阳能电池在一些国家已大批量生产,并得到广泛应用;同时,人们正在开发光电转换率高、成本低的太阳能电池。可以预见,太阳能电池很有可能成为替代煤和石油的重要能源之一,在人们的生产、生活中越来越占有重要的位置。

二、晶硅电池的技术发展

1839 年,法国物理学家贝克勒尔(Becqueral)第一次在化学电池中观察到光伏效应。1876 年,在固态硒(Se)的系统中也观察到了光伏效应,随后开发出 Se/CuO 光电池。有关硅光电池的报道出现于 1941 年。贝尔实验室查宾(Chapin)等人在 1954 年开发出效率为 6% 的单晶硅光电池,现代硅太阳能电池时代从此开始。硅太阳能电池于 1958 年首先在航天器上得到应用,在随后十多年里,硅太阳能电池在空间应用上不断扩大,工艺不断改进,电池设计逐步定型。这是硅太阳能电池发展的第一个时期。第二个时期开始于 20 世纪 70 年代初,在这个时期背表面场、细栅金属化、浅结表面扩散和表面织构化开始引入到电池的制造工艺中,太阳能电池转换效率有了较大提高。与此同时,硅太阳能电池开始在地面应用,而且不断扩大,20 世纪 70 年代末地面用太阳能电池产量已经超过空间用电池产量,并促使成本不断降低。20 世纪 80 年代初,硅太阳能电池进入快速发展的第三个时期。这个时期的主要特征是把表面钝化技术、降低接触复合效应、后处理提高载流子寿命、改进陷光效应引入到电池的制造工艺中。以各种高效电池为代表,电池效率大幅度提高,商业化生产成本进一步降低,应用不断扩大。

晶硅电池可以分为单晶硅电池和多晶硅电池。

单晶硅高效电池的典型代表是斯坦福大学的背面点接触电池(PCC)、新南威尔士大学(UNSW)的钝化发射区电池(PESC、PERC、PERL),以及德国弗劳恩霍夫(Fraunhofer)太阳能研究所的局部背表面场(LBSF)电池等。

多晶硅太阳能电池的出现主要是为了降低成本,其优点是能直接制备出适于规模化生产的大尺寸方型硅锭,设备比较简单,制造过程简单、省电、节约硅材料,对材质要求也较低。晶界及杂质影响可通过电池工艺改善;由于材质和晶界的影响,电池效率较低。电池工艺主要采用吸杂、钝化、背场等技术。

三、多晶硅薄膜电池

自 20 世纪 70 年代以来,为了大幅度降低太阳能电池的成本,光伏界一直在研究开发薄膜电池,并先后开发出非晶硅薄膜电池,如硫化镉(CdTe)电池、铜铟硒(CIS)电池等。特别是非晶硅电池,20 世纪 80 年代初一问世很快就实现了商业化生产。1987 年非晶硅电池的市场份额超过 40%;但非晶硅电池由于效率低、不稳定(光衰减),市场份额逐年降低,1998 年市场份额降为 13%。CdTe 电池性能稳定,但由于资源有限和 Cd 毒性大,近 10 年来市场份额一直维持在 13% 左右;CIS 电池的实验室效率不断攀升,已达到 18%,但由于中试产品的重复性和一致性没有根本解决,产业化进程一再推后,至今仍停留在实验室和中试阶段;与此同时,晶体硅电池效率不断提

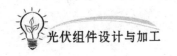

高,技术不断改进,加上晶硅稳定、无毒、材料资源丰富,人们开始考虑开发多晶硅薄膜电池。多晶硅薄膜电池既具有晶硅电池的高效、稳定、无毒和资源丰富的优势,又具有薄膜电池工艺简单、节省材料、大幅度降低成本的优点,因此多晶硅薄膜电池的研究开发成为近几年的热点。另一方面,采用薄片硅技术,避开拉制单晶硅或浇铸多晶硅、切片的昂贵工艺和材料浪费的缺点,达到降低成本的目的。严格说,后者不属于薄膜电池技术,只能算作薄片化硅电池技术。

四、独立光伏发电系统

通常的独立光伏发电系统主要由太阳能电池方阵、蓄电池、控制器以及阻塞二极管组成,如图 1-1 所示。

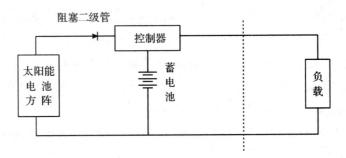

图 1-1　独立光伏发电系统

五、并网光伏发电系统

1.有逆流并网光伏发电系统

有逆流并网光伏发电系统:当太阳能光伏系统发出的电能充裕时,可将剩余电能馈入公共电网,向电网供电(卖电);当太阳能光伏系统提供的电力不足时,由电网向负载供电(买电)。由于向电网供电时与电网供电的方向相反,所以称为有逆流并网光伏发电系统。

2.无逆流并网光伏发电系统

无逆流并网光伏发电系统:太阳能光伏发电系统即使发电充裕也不向公共电网供电,但当太阳能光伏系统供电不足时,则由公共电网向负载供电。

3.切换型并网光伏发电系统

所谓切换型并网光伏发电系统,实际上是具有自动运行双向切换的功能。一是当光伏发电系统因多云、阴雨天及自身故障等导致发电量不足时,切换器能自动切换到电网供电一侧,由电网向负载供电;二是当电网因为某种原因突然停电时,光伏系统可以自动切换使电网与光伏系统分离,成为独立光伏发电系统工作状态。有些切换型光伏发电系统,还可以在需要时断开为一般负载的供电,接通对应急负载的供电。一般切换型并网发电系统都带有储能装置。

4.有储能装置的并网光伏发电系统

有储能装置的并网光伏发电系统：就是在上述几类光伏发电系统中根据需要配置储能装置。带有储能装置的光伏系统主动性较强，当电网出现停电、限电及故障时，可独立运行，正常向负载供电。因此，带有储能装置的并网光伏发电系统可以作为紧急通信电源、医疗设备、加油站、避难场所指示及照明等重要或应急负载的供电系统。

六、光伏组件及加工工艺

平板式组件制造工艺流程如图 1-2 所示。

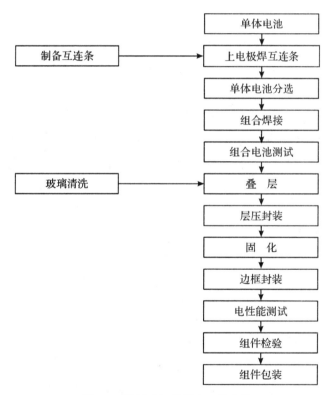

图 1-2 平板式组件制造工艺流程

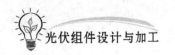

任务二 实训安全管理与环保

一、实训安全

实训场所的安全主要是指人身安全和设备安全,防止生产中发生意外安全事故,消除各类事故隐患。通过制定各种规章制度以及利用各种方法与技术,使实训人员牢固确立"安全第一"的观念,使实训场所设备与实训人员的安全防护得以改善。实训人员必须认真学习和贯彻有关安全生产、劳动保护的政策和规定,严格遵守安全技术操作规程和各项安全生产制度。

1.安全规章制度

(1)参加安全活动,学习安全技术知识,严格遵守各项安全生产规章制度。

(2)认真执行交接班制度,接班前必须认真检查实训环节的设备和安全设施是否完好。

(3)精心操作,严格执行工艺规程,遵守纪律,记录清晰、真实、整洁。

(4)按时巡回检查,准确地分析判断和处理生产过程中出现的异常情况。

(5)认真维护保养设备,发现缺陷应及时消除,并做好记录,保持作业场所的清洁。

(6)正确使用、妥善保管各种劳动防护用品、器具和防护器材、消防器材。

(7)严禁违章作业,劝阻和制止他人违章操作,并及时向教师和实训指导老师报告。

2.实训室管理安全规则

(1)实训室应保持整齐清洁。

(2)实训室内的通道、安全门进出应保持畅通。

(3)工具、材料等应分类存放,并按规定安置。

(4)实训室内保持通风良好、光线充足。如在焊接工艺的实训中,应注意空气流通情况,以防止对身体的危害。

(5)安全警示标图(见图1-3)醒目到位,各类防护器具摆放可靠,方便使用。

(6)进入实训室的人员应按要求佩戴实训人员卡,穿好实训服等防护用品。

图 1-3　安全警示图标

3.设备操作安全规则

(1)严禁为了操作方便而拆下设备的安全装置。

(2)使用工具和设备前应熟读其说明书,并按操作规则正确操作。

(3)未经许可或不太熟悉的设备,不得擅自操作使用。

(4)禁止未经许可多人同时操作同一台设备。

(5)定时维护、保养设备。发现设备故障应及时记录,并请专人维修。

(6)如发生事故应立即停机,切断电源,并及时报告,注意保持现场。

(7)严格执行安全操作规程,严禁违规实训操作。

二、环境保护常识

环境保护是指人类为解决现实或潜在的环境问题,协调人类与环境的关系,保障社会经济持续发展而采取的各种行动。新能源的绿色环保概念让太阳能发电产业迅速崛起,然而生产环节过程中"高污染"却给原本是"绿色"的产业抹上了"黑色"的一笔。一些被寄予厚望的高新技术企业,被披露随意倾倒工业副产品如四氯化硅,严重污染了当地村庄、农田、河流和空气,造成了严重的不良影响。

工业和信息化部制定的《电子信息产品生产污染防治管理法》明确禁止相关电子产品类含铅生产、加工和销售。因此,对于光伏实训的焊接工艺中要求:焊料的无铅化,元器件及 PCB 板的无铅化和焊接设备的无铅化。配套采用的助焊剂应降低醇类溶剂的使用,逐步推广环保助焊剂,推行 RoHS。

RoHS:欧盟议会和欧盟理事会于 2003 年 1 月通过了 RoHS 指令,全称是《电子、电气设备中限制使用某些有害物质指令》(The Restriction of the Use of Certain

Hazardous Substances in Electrical and Electronic Equipment),即在电子电气设备中限制使用某些有害物质指令,明确规定了六种有害物质的最大限量值。这六种有害物质为:镉(Cd)、铅(Pb)、水银(Hg)、六价铬(Cr^{6+})、多溴联苯(PBBs)、多溴联苯醚(PBDEs)。

三、识读光伏技术文件及任务指令单

技术文件是实训加工过程中的操作依据和操作指南,它分为设计文件和工艺文件。

1. 光伏产品的设计文件

设计文件又分为试制文件和生产文件,它是产品在研究、设计、实验、测试、试制、定型和生产过程中累积和形成的图样及技术资料,它规定了产品的组成、外形、结构、尺寸、工作原理以及在制造、验收、使用、维护和修理过程中所必需的技术数据和相关说明,是组织规范化、标准化生产的基本依据。光伏组件生产加工常用的设计文件有:装配图、安装图、电路原理图、技术条件、技术说明书等。

(1)装配图使用略图或示意图来描述光伏组件或光伏产品各组成部件相互连接和安装的关系。

(2)安装图采用略图或示意图形式来指导光伏产品及其组成部分在使用时进行安装的图样。

(3)电路原理图用电路符号来描述光伏产品各部件或各单元之间的电气工作原理。

(4)技术条件用来描述光伏产品质量、规格、使用条件及其检验方法等所做的技术规定。

(5)技术说明书用于说明产品用途、性能、组成、工作原理和使用维护方法等技术特性。

2. 光伏组件的工艺文件

工艺文件是光伏组件加工实训的基本依据之一。两者的区别在于:技术文件用于描述产品本身的技术数据和技术特性;而工艺文件用于描述产品在生产过程中采用的工艺及规程。工艺文件分为工艺文件和工艺图纸两种,工艺文件规定实训过程中各工序、各工位的操作规范和技术要求。工艺图纸用图形来描述实训过程中技术数据和技术资料。工艺文件要求在确保产品质量的同时,用最经济、最合理的工艺手段进行加工生产等实训操作,它关注提高实训人员的技术水平、提高生产效率、保证安全生产、降低材料消耗及成本等方面的要求,是组织实训过程不可缺少的规范和制度。

在识读工艺文件时,通过分析相关设计文件的装配图、安装图、电原理图、技术条件、技术说明书等,了解产品工作原理和技术特征。然后仔细阅读和熟记工艺文件中的任务目标、工艺要求、需要的物料清单和工具清单、实训场景、各工序的加工过程、实训准备、操作详细步骤、注意事项和需要记录的技术数据和资料。如在实训准备中的规范是穿好工作衣、工作鞋,戴好工作帽和手套;实训结束后的规范是清洁工作台

面、清理工作区域地面,做好工艺卫生,工具摆放整齐有序。

3.光伏组件加工的任务指令单

任务指令单是指下达给每个工序、每个实训在规定时间内要求完成的实训任务指令,也是光伏组件加工实训和生产中规定必须完成的任务。

🌱 阅读材料

国内某著名光伏企业组件车间的管理制度

为了加强生产车间管理,合理地调动员工的生产积极性,提高生产效率,规定如下:

一、劳动纪律

尊重领导、礼貌待人,服从生产安排,听从指挥,有异常情况及时主动向上级汇报。违反规定罚款20元/次,一个月违反三次者调离本岗位直至辞退。

二、生产着装制度

进入生产车间必须按着装标准,穿防尘服、戴防尘帽、更换工作鞋。无特殊情况,任何人不得穿便装进入生产区域。轻则5元/次处罚,情况恶劣的辞退处理。

三、设备、工具安全管控

操作必须持有相关岗位上岗证,所有人员操作设备、仪器必须按设备操作规程正确操作,无上岗证一律不得操作机器或修改设备参数(相关技术人员除外)。在未经部门经理许可的情况下,不得将拆卸设备、仪器、工具等带出生产车间,否则轻则一次罚款20元。造成严重后果的除经济处罚外,予以辞退处理。不得破坏任何仪器和设备,有责任保护公司财产,有责任举报任何损坏公司财产的行为。对擅自更改车间内部的设备参数者做书面警告,并处以100元/次罚款;造成严重后果的,除经济处罚外,予以劝退处理。

四、生产区域制度

车间内不得产生玩手机、吸烟、打架、喝酒、大声喧哗、吃零食、聚众聊天、干私活等影响生产的任何行为。轻则一次罚款20元;造成严重后果的除经济处罚外,予以辞退处理。工作中员工应积极配合,发挥良好的团队精神,不得消极怠工,不得无事生非、拉帮结派、打架、恐吓威胁、聚众赌博,一经发现立即开除。如造成公司损失者应赔偿公司经济损失,严重者移交公安机关处理。

五、保密制度

未经许可,不得将公司生产文件带出工厂,不得向与生产无关的任何人,以任何方式泄露公司文件,全体员工都有保守公司秘密的义务。在对外交往合作中,须特别注意不泄露公司秘密,更不准出卖公司秘密。公司秘密包括以下事项:

1.公司经营发展决策中的秘密事项。

2.人事决策中的秘密事项;公司未向公众公开的财务。

3.专有生产技术及新生产技术。

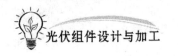

4.重要的合作、客户和贸易渠道。

5.招标项目的标底,合作条件,贸易条件。

希望各员工遵守保密制度规定,否则公司有权追究其法律责任。

六、物料管控制度

未经相关领导批准,不得私自挪用公司财物和生产所用的物料。未经经理以上人员书面批准,不得将公司任何财物私自带出工厂,一旦发现立即移交当地司法机关处理。

七、岗位(6S)制度

6S:清扫,清洁,整理,整顿,安全,节约。车间内各科室、工序内严格按照6S的要求做事,否则处以5元/次罚款,三次以上做辞退处理。

八、请假制度

员工必须按时上下班,不迟到,不早退,上班时间不得擅自离开工作岗位,外出办事须经本企业部门负责人同意。严格执行请销假制度。员工因私事请假3天以内的(含3天)由主管部门领导批准,请假4天以上的报上一级领导批准。请病假须持有医院证明,未经领导批准而擅离工作岗位的按旷工处理。旷工1~2天的扣发2天工资和奖金,连续旷工3天及以上的,给予除名等处分。上班时间禁止外出办私事,若未经批准接待亲友,违反者当天按旷工处理。迟到、早退按月累计,发现一次处20元罚款,超过3次做辞退处理。员工按国家规定享受公休假、探亲假、婚假、产育假、节育手术假时,必须凭有关证明资料报主管领导批准,未经批准者按旷工处理。

九、奖罚制度

奖励程序如下:

1.员工推荐,本人自荐或公司提名。

2.检查委员会或检查部会同劳动人事部审核。

3.董事会或总经理批准,其中属董事会聘用的员工,其获奖由检查委员会审核,董事会批准;属总经理聘用的员工由总经理批准。

员工有下列行为之一的,经批评教育不改的,视情节轻重,分别给予扣除一定时期的奖金、扣除部分工资、罚款、警告、记过、降级、辞退、开除等处分。

1.违反国家法律、法规、政策和公司规章制度,造成经济损失或不良影响的。

2.违反劳动法规,经常迟到、早退、旷工、消极怠工、没完成生产任务或工作任务的。

3.不服从工作安排和调动,无理取闹,影响生产秩序、工作秩序的。

4.工作不负责,损坏设备、工具,浪费原材料、能源,造成经济损失的。

5.玩忽职守,违章操作或违章指挥,造成事故或经济损失的。

6.滥用职权对员工打击报复或包庇员工违法乱纪行为的。

员工有上述行为,情节严重触犯刑律的提交司法部门依法处理;员工有上述行为造成公司经济损失的,除按上条规定承担应负的责任外,加倍赔偿公司损失。

组件生产部

第二章　太阳能电池片检测及激光划片工艺

任务一　太阳能电池片的原理

太阳能电池是将太阳能转变成电能的半导体器件,从应用和研究的角度来考虑,其光电转换效率、输出伏安特性曲线及参数是必须测量的,而这种测量必须在规定的标准太阳光下进行才有参考意义。如果测试光源的特性和太阳光相差很远,则测得的数据不能代表它在太阳光下使用时的真实情况,甚至也无法换算到真实的情况,考虑到太阳光本身随时间、地点而变化,因此必须规定一种标准阳光条件,才能使测量结果既能彼此进行相对比较,又能根据标准阳光下的测试数据估算出实际应用时太阳能电池的性能参数。

一、几个描述光的物理概念

1.辐照度及其均匀性

对于空间应用,规定的标准辐照度为 1 367W/m²（另一种较早的标准规定为 1 353W/m²）,对于地面应用,规定的标准辐照度为 1 000W/m²。实际上地面阳光与很多复杂因素有关,这一数值仅在特定的时间及理想的气候和地理条件下才能获得。地面上比较常见的辐射照度是在 600～900W/m² 范围内,除了辐照度数值范围以外,太阳辐射的特点之一是其均匀性,这种均匀性保证了同一太阳能电池方阵上各点的辐照度相同。

2.光谱分布

太阳能电池对不同波长的光具有不同的响应,也就是说辐照度相同而光谱成分不同的光照射到同一太阳能电池上,其效果是不同的,太阳光是各种波长的复合光,它所含的光谱成分组成光谱分布曲线,而且其光谱分布也随地点、时间及其他条件的差异而不同,在大气层外情况很单纯,太阳光谱几乎相当于 6 000K 的黑体辐射光谱,称为 AMO 光谱。在地面上,由于太阳光透过大气层后被吸收掉一部分,这种吸收和大气层的厚度及组成有关,因此是选择性吸收,结果导致非常复杂的光谱分布。而且随着太阳天顶角的变化,阳光透射的途径不同,吸收情况也不同。所以地面阳光的光谱随时都在变化。因此从测试的角度来考虑,需要规定一个标准的地面太阳光谱分

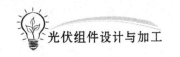

布。目前国内外的标准都规定,在晴朗的气候条件下,当太阳透过大气层到达地面所经过的路程为大气层厚度的 1.5 倍时,其光谱为标准地面太阳光谱,简称 AM1.5 标准太阳光谱。此时,太阳的天顶角为 48.19°,原因是这种情况在地面上比较有代表性。

3. 总辐射和间接辐射

在大气层外,太阳光在真空中辐射,没有任何漫射现象,全部太阳辐射都直接从太阳照射过来。地面上的情况则不同,一部分太阳光直接从太阳照射下来,而另一部分则来自大气层或周围环境的散射,前者称为直接辐射,后者称为天空辐射。这两部分合起来称为总辐射,在正常的大气条件下,直接辐射占总辐射的 75% 以上,否则就是大气条件不正常所致,例如由于云层反射或严重的大气污染所致。

4. 辐照稳定性

天气晴朗时,阳光辐照是非常稳定的,仅随高度角而缓慢地变化,当天空有浮云或严重的气流影响时才会产生不稳定现象,这种气候条件不适宜测量太阳能电池,否则会得到不确定的结果。

二、太阳模拟器

综上所述,标准地面阳光条件具有 $1\ 000\ W/m^2$ 的辐照度、AM1.5 的太阳光谱以及足够好的均匀性和稳定性,这样的标准阳光在室外能找到的机会很少,而太阳能电池又必须在这种条件下测量,因此,唯一的办法是用人造光源来模拟太阳光,即所谓太阳模拟器。

稳态太阳模拟器是在工作时输出辐照度稳定不变的太阳模拟器,它的优点是能提供连续照射的标准太阳光,使测量工作能从容不迫地进行。缺点是为了获得较大的辐照面积,它的光学系统以及光源的供电系统非常庞大。因此比较适合制造小面积太阳模拟器,脉冲式太阳模拟器在工作时并不连续发光,只在很短的时间内(通常是毫秒量级以下)以脉冲形式发光。其优点是瞬间功率可以很大,而平均功率却很小。其缺点是由于测试工作在极短的时间内进行,因此数据采集系统相当复杂。在大面积太阳能电池组件测量时,目前一般都采用脉冲式太阳模拟器,用计算机进行数据采集和处理。

用来装置太阳模拟器的电光源通常有以下几种。

卤光灯:简易型太阳模拟器常用卤光灯来装置。但卤光灯的色温值在 2 300K 左右,它的光谱和日光相差很远,红外线含量太多,紫外线含量太少。作为廉价的太阳模拟器避免采用昂贵的滤光设备,通常用 3cm 厚的水膜来滤除一部分红外线,使它近红外区的光谱适当改善,但却无法补充过少的紫外线。

冷光灯:冷光灯是由卤钨灯和一种介质膜反射镜构成的组合装置。这种反射镜对红外线几乎是透明的,而对其余光线却能起良好的反射作用。因此,经反射后红外线大大减弱而其他光线却成倍增加。与卤钨灯相比,冷光灯的光谱有了大幅度改善,而且避免了非常累赘的水膜滤光装置。因此,目前简易型太阳模拟器多数采用冷光灯。为了使它的色温尽可能地提高些,与冷光罩配合的卤钨灯常设计成高色温,可达3 400K,但使它的寿命大大缩短,额定寿命仅 50 小时,因此需经常更换。

氙灯:氙灯的光谱分布从总的情况来看比较接近于日光,但在 $0.1 \sim 0.8 \mu m$ 之间有红外线,比太阳光的大几倍。因此必须用滤光片滤除,现代的精密太阳模拟器几乎都用氙灯作电源,主要原因是光谱比较接近日光,只要分别加上不同的滤光片即可获得 AM0 或 AM1.5 等不同的太阳光谱。氙灯模拟器的缺点从光学方面来考虑是它的光斑很不均匀,需要有一套复杂的光学积分装置来使光斑均匀。从电路来考虑,它需要一套复杂而比较庞大的电源及启辉装置。总的来说,氙灯模拟器的缺点是装置复杂,价格昂贵,特别是有效辐照面积很难做得很大。

脉冲氙灯:脉冲式太阳模拟选用各种脉冲氙灯作为光源,这种光源的特点是能在短时间内发出比一般光源强若干倍的强光,而且光谱特性比稳态氙灯更接近于日光。由于亮度高通常可放在离太阳电池较远的位置进行测量,因此改善了辐照均匀性,可得到大面积的均匀光斑。

任务二　太阳能电池片的外观检测

一、太阳能电池片分类

工业上大批量生产的单晶硅和多晶硅太阳能电池,常用 690mm×690mm 的单晶或多晶硅材料,通过切割成 25 块 125mm×125mm(5 英寸)或 16 块 156mm×156mm(6 英寸)的硅片,然后经过抛光和其他处理,再加工成单晶硅和多晶硅太阳能电池片。所以,人们把常见的电池片分成以下四种,如表 2-1 所示。

表 2-1　太阳能电池的种类

形态	直径/mm	代号
单晶硅	125	TDB125
单晶硅	156	TDB156
多晶硅	125	TPB125
多晶硅	156	TPB156

电池片的基片材料为 P 型单(多)晶硅,采用氮化硅减反射膜。单晶电池片一般有倒角、绒面。从外观上比较容易区分单晶电池片和多晶电池片,不同处在于多晶硅片的表面有大面积的冰花状花纹,而单晶硅电池片则是细小的颗粒;另外单晶硅片一般偏黑色,多晶硅片一般偏蓝色,要注意的是在它们的表面都镀有一层蓝色或紫色的抗反光膜。

太阳能电池片从用途角度,又可分为地面晶体硅太阳能电池、海用晶体硅太阳能电池和空间晶体硅太阳能电池。其中地面用晶体硅太阳能电池不具备抗高能辐射的特性,不能用于太空空间电源。如图 2-1 所示。

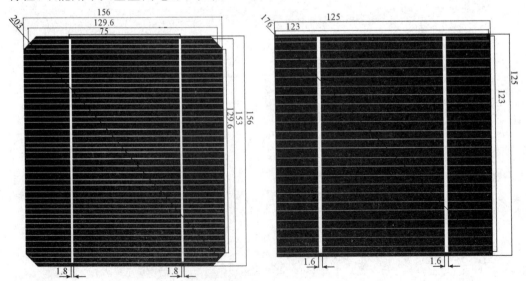

图 2-1　地面用晶硅太阳能电池

太阳能电池片外形规格如表 2-2 所示。

表 2-2　太阳能电池片外形规格

电池类型	边长 a/mm	对角 h/mm	厚度/μm
单晶硅太阳能电池 125	125.0±0.5	150	200±40
单晶硅太阳能电池 156	156.0±0.5	200.0±1.0	200±40
多晶硅太阳能电池 125	125.0±0.5	175.4±1.0	200±40
多晶硅太阳能电池 156	156.0±0.5	219.2±1.0	200±40

二、太阳能电池片规格及参数

太阳能电池片的正面电极为负极，材料为丝网印刷存膜导体银；背面电极为正极，材料为丝网印刷存膜导体银或银铝；背面场为丝网印刷厚膜导体铝。典型印刷参数如表 2-3 所示。

表 2-3　太阳能电池片电极规格及参数　　　　　　　　　（单位:mm）

电池类型	正面主栅线中心间距	主栅线中心到电池边沿距离	正面主栅线宽度	背面电极宽度	正面印刷边线至边沿距离	背面铝边沿至边沿距离	背面电极端点至边沿距离
单晶电池 125	62.50	31.25	1.80	3.00	1.80	1.00	5.50
单晶电池 156	78.00	39.00	1.80	3.00	1.80	1.00	5.50
多晶电池 125	62.50	31.25	1.80	3.00	1.80	1.00	5.50
多晶电池 156	78.00	39.00	1.80	3.00	1.80	1.00	5.50
允许误差	±0.05	±0.05	±0.05	±0.05	±0.25	±0.25	±0.25

三、单晶和多晶电池片外观检验方法

单晶和多晶电池片外观检验方法、步骤和标准如表 2-4 所示。

表 2-4　单晶和多晶电池片外观检验方法、步骤和标准

序号	检验内容及项目	检验标准
1	裂纹片、碎片、穿孔片	如存在,判定为不符合标准
2	V 形缺口/缺角	如存在,判定为不符合标准
3	崩边	深度小于 0.5mm,长度小于 1mm,数目不超过 2 个
4	弯曲	以塞尺测量电池的弯曲度,125 电池片的弯曲度不超过 0.75mm;以塞尺测量电池的弯曲度,125 电池片的弯曲度不超过 1.5mm
5	正面色彩及其均匀性	在日常光照情况下电池片上方正对电池片观测为蓝色;与电池表面成 35°观察,呈"褐、紫、兰"三色,目视颜色均匀,无明显色差、水痕、手印
6	色差/色斑/水痕	同一批次电池片的颜色应该一致。同一片电池上因这些因素导致的色彩不均匀面积应小于 2cm²,氮化硅沉积过程中硅片挂钩区域除外

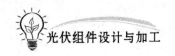

（续表）

序号	检验内容及项目	检验标准
7	正面次栅线	少于或等于3条断线,每条断线长度小于3mm,不能允许有两个平行断条存在
8	正面栅线结点	少于3处,每处长度和宽度均小于0.5mm
9	电池片正面漏浆	肉眼观测应少于2处,总面积小于1.5mm²
10	正面主栅线漏印缺损	不能多于1处,尺寸小于2.2mm²
11	正面印刷图案偏离	四周印刷外围到硅片边沿距离差别不大于0.5mm
12	电池片正面划伤	电池片表面无划伤,但对于在制作过程中采用激光刻蚀工艺的电池的边沿刻蚀线除外
13	背面铝印刷的均匀性	均匀,无明显不良现象
14	由于烧结炉传送带结构等因素导致的背面铝缺损	鼓包高度必须不大于0.2mm,且总面积必须不大于5mm²。总面积不大于1.0mm²
15	背面印刷图案偏离	背面印刷外围到硅片边沿距离差别不大于0.5mm
16	背面银铝电极缺损	不能多于1处断线,且断线长度不大于5.0mm

任务三 电池片的电性能测试和分选

任务目标

采用测试仪对电池片的转换效率和单片功率进行分选测试。

一、太阳能电池片分选仪概述

太阳能电池片分选仪(见图 2-2)是专门用于太阳能单晶硅和多晶硅电池片分选筛选的设备。它通过模拟太阳光谱光源,对电池片的相关电参数进行测量,根据测量结果将电池片进行分类。常用的分选仪都具专门的校正装置,对输入补偿参数,进行自动或手动温度补偿和光强度补偿,并具备自动测温与温度修正功能。它基于 Windows 的操作界面,测试软件人性化设计,记录并显示测试曲线(I-U 曲线、P 曲线)和测试参数(U_{oc}、I_{sc}、P_{mpp}、I_m、V_m、F_F、E_{ff}),每片测试的序列号自动生成并保存到指定文件夹。典型太阳能电池片分选仪参数和技术指标如表 2-5 所示。

图 2-2 太阳能电池片分选仪

表 2-5 典型太阳能电池片分选仪参数和技术指标

规格	SCT-B/SCT-C	数据采集量	8 000 对数据点
光强范围	70～120MW/cm^2	光强不均匀度	≤±3%
测试系统	A/D 控制卡 显示 I-U 曲线和 P 曲线	测试参数	U_{oc}　I_{sc}　P_{mpp}　I_m V_m　F_F　E_{ff}
测试面积	300mm×300mm	分选方式	半自动/全自动
测试时间	3s/片	模拟光源	脉冲氙灯

二、工艺要求

按技术文件要求进行分档。

(1)按转换功率分选:A 片转换效率≥14%(单晶)或 13.5%(多晶);B 片转换效率≥13.5%(单晶)或 13%(多晶),125 晶片功率在 2.4W 左右,156 晶片功率在 3.4W 左右。

分选标准:分档(0.4±0.01)V_{mp}(V)。

(2)按外观分选:检查电池片有无缺口、崩边、划痕、花斑、栅线印反以及表面氧化情况等。正极面检查有无暗裂,主栅线印刷不良。注意将不良品按功率分开摆放做

好标记。

（3）将分选合格的电池片根据目测按颜色进行分类分组。颜色分为浅蓝色、深蓝色、暗红色、黑色、暗紫色等。

（4）根据生产订单按规格要求的数量进行点数并用泡沫盒打包和装载，如180W—125 单晶片 72 片串，220W—156 多晶片 60 片串。

（5）不得裸手触及电池片。

（6）缺边角的电池片根据质量分选标准进行取舍。

三、物料清单

待检测的电池片若干。

四、工具清单

单体太阳测试仪、手套（指套）、剪刀、透明胶。

五、工作准备

（1）穿好工作衣、工作鞋，戴好工作帽和手套。

（2）清洁工作台面、清理工作区域地面，做好工艺卫生，工具摆放整齐有序。

六、操作步骤

1. 操作步骤一

（1）测试前拿校准芯片校准，误差不超过±0.01W。

（2）测试有误差时，请相关工作人员调整，将校准结果做好记录。

（3）按需要分选电池片的批次规格领料。

（4）将测试仪打开，打开操作面板"电源"开关，预热 2 分钟，按下"量程"按钮。

（5）用标准电池片将测试台的测试参数调到标准值，确认压缩空气压力正常。

（6）将要测试的电池单片放到测试台上进行分选测试。将待测电池芯片有栅线一面向上，放置在测试台铜板上，调节铜电极位置使之恰好压在电池芯片的主栅极上，保证电极接触完好。踩下脚阀测试。根据测得的电流值进行分档。

（7）将分选出来的电池片按照测试的数值分为合格与不合格两类，并放在相应的盒子里标示清楚。合格电池片在检测后按每 0.05W 分档分开分类放置。

（8）测试完成后整理电池片，每 100 片作为一个包装，清点好数目并做相应的数据记录。

（9）作业完毕，按操作规程关闭仪器。

2. 操作步骤二

检查电池片有无碎裂或隐裂。

七、注意事项

（1）在测试前，要对测试仪进行标准片校准，一定保证测试数据的准确性．

（2）分选电池片要轻拿轻放，降低损耗。分类和摆放时要按规定放在指定的泡沫盒或区域内。

（3）装盒和打包时要再检查一次数目，要确保包装的完整性。

（4）测试过程中操作工必须戴上手指套，禁止不戴手指套进行测试分选。

（5）测试分选后要整理电池片，禁止合格与不合格的电池片混合掺杂。

（6）记录并填写相关文件数据记录。

（7）同一人员在此岗位持续操作超过 2 小时后，必须休息或更换作业人员。一个班次内同一人累计操作时间不超过 4 小时。

（8）分检时拿取芯片应小心，避免把芯片弄碎、弄裂。

（9）如发现测出的参数不稳定，应立即报告相关技术人员等调节好后方可继续。

数据记录

填写表 2-6 所示的电池片测试分选记录表。

表 2-6　电池片测试分选记录表

序号	标称功率和转换效率	测后功率和转换效率	误差和结论	备注
1				
2				
3				
4				
总计	测片数量（片）：	损坏数量（片）：	测后良片数量（片）：	

存在的问题及改进建议：

设备使用情况：

操作员签字：

指导教师签字：

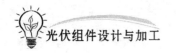

任务四　激光划片工艺

以初检好的电池片为原材料,在激光划片机上编写划片程序,将电池片按要求的电性能及尺寸进行切割。

一、理论阅读

半导体材料的切割与刻划是半导体行业的关键工序之一。太阳能电池主要采用金刚石切割设备和激光划片机切割。由于激光划片机的切割效率更高,现在许多工厂都采用激光划片机来切割太阳能电池,以满足制作小型太阳电池组件的需要。

激光划片机一般由激光晶体、电源系统、冷却系统、光学扫描系统、聚焦系统、真空泵、控制系统、工作台、计算机等组成,如图 2-3 所示。控制台上有电源、真空泵、冷却水开关按钮及电流调节按钮等;工作台面上布有气孔,气孔与真空泵相连,打开真空泵后太阳能电池就被吸附在控制台上,切割过程中不易移动。切割时将电池放在工作台上,打开计算机,设计切割路线,按下确定键后,激光光斑开始移动,在控制台上调节适当的工作电流进行切割。

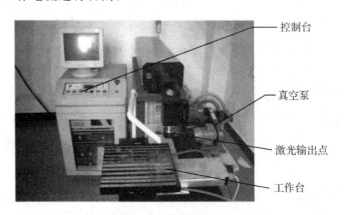

控制台
真空泵
激光输出点
工作台

图 2-3　激光划片机

激光具有高亮度、高方向性、高单色性和高相干性。激光束通过聚焦后,在焦点处产生数千度甚至上万度的高温,使其能加工几乎所有的材料。激光划片是把激光束聚焦在硅、锗、砷材料的表面,形成很高的功率密度,使硅片形成沟槽,在沟槽处形成应力集中,很容易沿沟槽整齐断开。激光划片为非接触加工,划片效应是通过表层的物质蒸发出深层物质,或是通过光能作用导致物质的化学键断裂而划出痕迹。因此,用激光对太阳能电池硅片进行划片,能较好地防止损伤和污染硅片,可以提高硅片的利用率,提高产品的成品率。与传统的机械切割技术比较,激光划片主要有以下优点：

(1)激光划片由计算机控制,速度快,精确度高,大大提高了加工效率。

(2)激光划片为非接触式加工,减少了硅片的表面损伤与刀具的磨损,提高了产品成品率。

(3)激光划片光强弱控制方便,激光聚焦后功率密度高,能很好地控制切割深度,适合对硅片这种薄、脆、硬的材料进行切割。

(4)激光束细,加工材料消耗很小,加工热区影响小。

(5)激光划片沟槽整齐,无裂纹,深度一致。

(6)激光加工操作方便简捷,使用安全,人工、材料消耗成本低。

太阳能电池每片工作电压 $0.4\sim0.45V$(开路电压约 $0.6V$),将一片切成两片后,每片电压不变;太阳能电池的功率与电池板的面积成正比(同样转化效率下)。根据组件所需电压、功率,可以计算出所需电池片的面积及电池片片数。由于单体电池(未切割前)尺寸一定(有几种标准),面积通常不能满足组件需要,因此,在焊接前,一般有激光切片这套工序。切割前,应设计好切割路线,画好草图,要尽量利用切割剩余的电池片,提高电池片利用率。

切割过程主要步骤是,先打开激光切割机及与之相配的计算机,将要切的太阳电池片放在切割台上,并摆好位置,打开计算机中的切割程序,根据设计路线输入 X 轴、Y 轴方向的行进距离(坐标改变的数值,如第一步是沿 X 轴正方向前进 150mm,就在这一步中选择 X 轴,输入 150),预览确定路线后,调节电流进行切割。

(1)切片时,切痕深度一般要控制在电池片厚度的 1/2 到 2/3 之间,这主要通过调节激光划片机的工作电流来控制。如果工作电流太大,功率输出大,激光束强,可以将电池片直接划断,容易造成电池正负极短路。反之,当工作电流太小,划痕深度不够,在沿着划痕用手将电池片掰断时,容易将电池片弄碎。

(2)太阳能电池片价格较贵,为减少电池片在切割中的损耗,在正式切割前,应先用与待切电池片型号相同的碎电池片做试验,测试出该类电池片切割时激光划片机合适的工作电流 I_0,这样正常样品的切割中划片机按照电流 I_0 工作,可以减少由于工作电流太大或太小而造成损耗。

(3)激光划片机激光束行进路线是通过计算机设置 X、Y 的坐标来确定的,设置坐标时,一个小数点和坐标轴的差错会使激光束路线完全改变。因此,在电池片切割前,先用小工作电流(使激光能被看清光斑即可)让激光束沿设定的路线走一遍,确认路线正确后,再调大电流进行切片。

(4)一般来说,激光划片机只能沿 X 轴、Y 轴方向进行切割,切方形电池片比较方便。当电池片在要求切成三角形等形状时,切割前一定要计算好角度,摆好电池片方位,使需要切割的线路沿 X 轴或 Y 轴方向。

(5)在切割不同电池片时,如果两次厚度差别较大,调整工作电流的同时,要注意

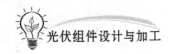

调整焦距。

(6)切割电池片时,应打开真空泵,使电池片紧贴工作面板,否则,切割将不均匀。

使用切割机切割太阳能电池,还有其他一些需要注意的问题:

(1)一定要在水循环正常工作下,再启动激光电源和调节电源,否则温度过高,容易烧坏电源。

(2)激光电源属于大功率高频开关电源,它会对外有或多或少的电磁污染,因而对电磁兼容性能的仪器设备,如变型仪、计算机等产生一定影响,建议采用屏蔽、电源隔离等方法抗干扰。

(3)激光器一般采用氪灯泵浦,需要瞬时高压来触发氪灯,因此严禁在氪灯点燃前启动其他组件以防高压串入,氪灯属于易损耗件,当发现老化时,需要更换新灯。

(4)激光划片机工作环境要求:室内清洁无尘,相对湿度小于80%,温度5～20℃;另外,要保持机内循环水干净,定期清洗水箱并更换去离子水或纯水。

二、工艺要求

(1)切断面不得有锯齿现象。

(2)激光切割深度目测为电池片厚度的2/3,电池片尺寸公差±0.02mm。

(3)每次作业必须更换指套,保持电池片干净,不得裸手触及电池片。

三、物料清单

(1)125×125单晶硅电池片1片。

(2)156×156多晶硅电池片1片。

电池片要求:芯片无碎裂现象;每片不超过2个大于$1mm^2$的缺角或者缺块;每片细栅断线不超过1根,断线长度不超过1mm。

四、工具清单

(1)激光划片机。

(2)游标卡尺、镊子、内六角扳手、刀片、酒精、无尘布。

五、工作准备

(1)工作时必须穿工作衣、工作鞋,戴工作帽、口罩、指套。

(2)清洁工作台面、清理工作区域地面,做好工艺卫生,工具摆放整齐有序。

(3)检查辅助工具是否齐全,有无损坏等,如不完全或不齐备及时申领。

六、操作步骤

1. 操作步骤一：硅片分选

(1)领到硅片后，轻轻打开包装盒，先检查硅片有无缺角或破损，然后清点硅片看是否和硅片盒上的标记数目相符。

(2)把清点完的一盒硅片(25片或50片)用两手轻轻拿起，其中一边边缘紧贴桌面，硅片与桌面垂直，根据硅片公差大小将硅片分成2～3档分别放置。

(3)将以上分选的硅片按25片一摞整齐放好备用。

2. 操作步骤二：设备调试

调试激光划片机如图2-4所示。

(1)按"激光划片机操作规程"开启激光划片机。

(2)戴上激光防护眼镜。输入相应程序。

(3)不出激光情况下，试走一个循环，确认电气机械系统正常。

(4)置白纸于工作台上，出激光，调焦距，调起始点。

(5)置白纸于工作台上，出激光(使白纸边缘紧贴X轴、Y轴基准线上，并不能弯曲)，试走一个循环。

(6)取下白纸，用游标卡测量到精确为止。

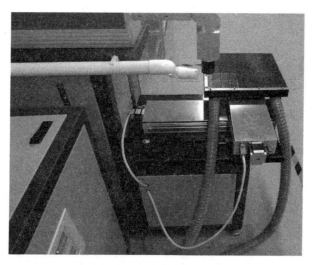

图2-4　调试激光划片机

3. 操作步骤三：切割

运用激光划片机控制台(见图2-5)开始进行切割。

(1)将需切割的电池片蓝面向下、灰色背面朝上，轻轻放置在运行台面上，电池片边沿紧靠定位尺，电池片背面栅线与轴平行，沿X轴平行依次放置两块。

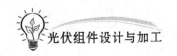

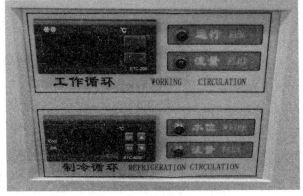

图 2-5　激光划片机控制台

(2)用鼠标单击"运行"键,开始切割。使激光划片机处于工作状态,调节激光器上微动旋钮,使激光的焦点上下移动,当激光打在芯片上散发的火花绝大部分向上窜并听到清脆的切割声音时即焦距调好。切割的深度约为电池片厚度的 2/3。切割完毕,激光头应自动回到起始点。

(3)用右手将切割完毕的电池片轻轻移到工作台边缘,然后用左手接住电池片,放在操作台上。

(4)再把另外两片电池片放在切割位置,开启运行键,开始第二次切割。

4.操作步骤四:掰片

(1)将切割好的电池片拿起,灰色的背面朝上,拇指和食指捏住电池片的边缘,拇指在上,食指在下,沿激光切割的路径,两手同时用力掰片,向下将电池片分成单片。

(2)根据单片栅线类别和单片在大电池片中的位置,将单片分类放置。

(3)对划好的芯片进行逐片自检,使划出的芯片基本符合尺寸要求,误差不超过0.2mm,不符合条件即为待处理片。

5.操作步骤五:检查

(1)检查电池片大小是否在公差范围内。

(2)检查电池片是否有隐裂。

七、注意事项

(1)发现芯片有大批质量问题时,应及时报告相关技术人员或生产主管。

(2)切割要求芯片的大小厚度改变时,必须重新调节。

(3)将切割过程中的待处理片和废片分类分开放置。

(4)电池硅片极易碎裂,或造成肉眼不可见的微裂,这种微裂会在后续工段中造成碎裂。所以,操作员工应尽量减少接触硅片的次数,以降低造成损伤的机会。

(5)电池片必须轻拿轻放,并应在盒中码放整齐,禁止在盒里或桌面上无规划堆放。

八、程序示例

(1)找到原点的位置,并写入 X 轴、Y 轴离原点的距离尺寸(mm)。

(2)开始根据所给图纸的尺寸编写程序(硅片紧贴 X 轴平放)。

(3)先写入横轴(X 轴)所切第一片宽度(mm),在写入纵轴(Y 轴)所切长度(按整片长度为准 150mm),在此基础上增加 1mm(151mm)。

(4)写入第三片(X 轴)所切宽度,写入第二片长度(此时所切的路径与第一片长度所切路径相反,应在数字前加入"一"),以此类推。

(5)写到最后一片的(X 轴)宽度时应在所切宽度上增加 1mm。

(6)写入从硅片中间应切的尺寸时按第一步所设定的长度的中间开始切。

(7)最后一步所切的长度为 2 片硅片长度。

(8)试划后确认并保留程序。

激光划片机运行示意图如图 2-6 所示。

图 2-6　激光划片机运行示意图

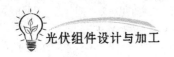

数据记录

填写表 2-7 所示的划片操作记录表。

表 2-7　划片操作记录表

序号	划片要求和尺寸	划片完成情况	备注
1			
2			
3			
4			

1.划片领用不良状况：

2.设备运行情况记录：

3.存在的问题及改进建议：

操作员签字：

指导老师签字：

第三章 EVA、TPT、钢化玻璃和焊料的制备

任务一 EVA 裁剪与备料工艺

一、EVA 概述

晶体硅太阳能电池封粘材料是 EVA，它是乙烯与醋酸乙烯酯的共聚物，化学式结构如下：

(CH$_2$—CH$_2$)—(CH—CH$_2$)　乙烯(Ethylene)

　　　　　　　　|

　　　　　　　　O

　　　　　　　　|

　　　　　　　　O—O—CH$_2$

EVA(乙烯-醋酸乙烯酯共聚物)胶膜是一种受热发生交联反应，形成热固性凝胶树脂的热固性热熔胶。EVA 材料颗粒如图 3-1 所示。EVA 胶膜常温下无黏性且具抗黏性，方便操作，经过一定条件热压便发生熔融黏结与交联固化，并变得完全透明。长期的实践证明：它在太阳能电池封装与户外使用均获得相当满意的效果。固化后的 EVA 能承受大气变化且具有弹性，它将晶体硅片组"上盖下垫"，将硅晶片组包封，并和上层保护材料玻璃、下层保护材料 TPT(聚氟乙烯复合膜)，利用真空层压技术黏合为一体。另一方面，它和玻璃黏合后能提高玻璃的透光率，起着增透的作用，并对太阳能电池组件的输出有增益作用。

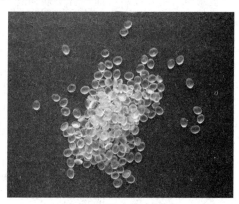

图 3-1　EVA 材料颗粒

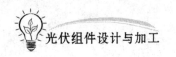

二、EVA 的主要成分与主要性能参数之间的关系

EVA胶膜主要由 EVA 主体、交联剂体系(包括交联引发剂和交联剂)、阻聚剂、热稳定剂、光稳定剂、硅烷偶联剂等组成。

EVA 的主要性能指标如表 3-1 所示。EVA 的质量检验方法如表 3-2 所示。

表 3-1　EVA 的主要性能指标

序号	指　标	含　义
1	熔融指数	EVA 的融化速度
2	软化点	EVA 开始软化的温度点
3	透光率	在 AM1.5 的光谱分布条件下的透过率
4	密度	交联后的密度
5	比热	交联后吸收相同热量的情况下温度升高数值的大小
6	热导率	交联后的 EVA 的热导性能
7	玻璃化温度	EVA 的抗低温性能
8	断裂张力强度	断裂张力强度,抗断裂机械强度
9	断裂延长率	EVA 交联后的延伸性能
10	张力系数	EVA 交联后的张力大小
11	吸水性	直接影响其对电池片的密封性能
12	交联率	EVA 的交联度直接影响到它的抗渗水性
13	剥离强度	反映了 EVA 与玻璃的黏结强度
14	耐紫外光老化	影响组件的户外使用寿命
15	耐热老化	影响组件的户外使用寿命
16	耐低温老化	影响组件的户外使用寿命

表 3-2　EVA 的质量检验方法

序号	指　标	检测事项
1	外观检验	EVA 表面无折痕、无污点、平整、半透明、无污迹、压花清晰
2	厚度测定	用精度 0.01mm 测厚仪测定,在幅度方向至少测五点,取平均值,厚度符合协定厚度,允许公差为±0.03mm。或用精度 1mm 的钢尺测定,幅度符合规定厚度,允许公差为±3.0mm
3	透光率检验	取胶膜尺寸为 50mm×50mm,用 50mm×50mm×1mm 的载玻片玻璃,以玻璃/胶膜/玻璃三层叠合,将样品置于层压机内,加热到 100℃,抽真空 5min,然后加压 0.5MPa,保持 5min,再放入固化箱中,按产品要求的固化温度和时间进行交联固化,然后取出冷却至室温,按 GB2410 规定进行检验
4	交联度检验	取胶膜一块,将 TPT/胶膜/胶膜/玻璃叠合后,按平时一次固化工艺固化交联,按 GB/T2789 规定进行检验
5	剥离强度检验	取两块尺寸为 300mm×20mm 胶膜作为试样,分别按 TPT/胶膜/胶膜/玻璃叠合,按平时一次固化工艺进行固化,按 GB/T2790 规定进行检验
6	紫外光老化检验	将胶膜放置于老化箱内连续照射 100h 后,目测对比
7	均匀度检验	取相同尺寸的 10 张胶膜进行称重,然后对比每张胶膜的重量,最大与最小之间不得超过 1.5%
结论标准		按厂家出厂批号对以上 7 个项目进行样品抽检,当有一项或一项以上不符合检验要求,要对该批号产品进行再次样品抽检,如果仍有交联度、剥离强度、均匀度指标的其中一项不符合质量要求的,判定该批次产品为不合格产品

三、常见的 EVA 失效方式

发黄:EVA 发黄由两个因素导致(主要是添加剂体系相互反应发黄;其次 EVA 自身分子在氧气、光照条件下,EVA 分子自身脱乙酰反应导致发黄),所以 EVA 的配方决定其抗黄变性能的好坏。

气泡:包括两种,层压时出现气泡和层压后使用过程中出现气泡。层压时出现气泡——EVA 的添加剂体系、其他材料与 EVA 的匹配性、层压工艺均有关系;层压后出现气泡——这个导致的因素众多,一般是由材料间匹配性差导致。

脱层:与背板脱层——交联度不合格,与背板黏结强度差;与玻璃脱层——硅烷偶联剂缺陷,玻璃脏污,硅胶封装性能差,交联度不合格。

四、EVA 胶膜的储存与使用要点

(1)储存温度 5～30℃,湿度小于 60%,避光,远离阳光照射、热源、防尘、防火。

(2)完整包装储存时间半年;拆包后储存时间为 3 个月,应尽快使用,并把未使用完的产品按原包装或等同包装重新封装。

(3)不要将脱去包装的整卷胶膜暴露在空气中,分切成片的胶膜如不能当天用完,应遮盖紧密,重新包装好。

(4)不要裸手接触 EVA 胶膜表面,注意防潮防尘,避免与带色物体接触。

(5)EVA 胶膜在收卷时要轻微拉紧,因此在放卷切裁时不要用力拉,切裁后放置半小时,让胶膜自然回缩后再用于叠层。

(6)在切裁、铺设 EVA 胶膜过程中,最好设置除静电工序,以消除组件内各部件中的静电,从而确保封装组件的质量。

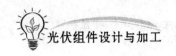

任务二　TPT 复合薄膜裁剪与备料

一、TPT 背板膜简介

TPT 是 Tedlar 薄膜-聚酯(polyster)-Tedlar 薄膜的复合材料的简称(Tedlar 是杜邦注册商标,是聚氟乙烯薄膜),用在组件背面,作为背面保护封装材料(见图3-2)。用于封装的 TPT 至少应该有三层结构:外层保护层 PVF 具有良好的抗环境侵蚀能力,中间层为聚酯薄膜具有良好的绝缘性能,内层 PVF 需经表面处理和 EVA 具有良好的黏结性能。太阳能电池的背面覆盖物——氟塑料膜为白色,对阳光起反射作用,因此对组件的效率略有提高,并因其具有较高的红外发射率,还可降低组件的工作温度,也

图 3-2　背板 TPT

有利于提高组件的效率。当然,此氟塑料膜首先具有太阳能电池封装材料所要求的耐老化、耐腐蚀、不透气等基本要求。增强组件的抗渗水性。对于白色背板 TPT,还有一种效果就是对入射到组件内部的光进行散射,提高组件吸收光的效率。

二、背板的结构及特点

由多层高分子薄膜经碾压黏合起来的复合膜,主要由三层组成:含氟膜(或其替代物)+PET 层(或其替代物)+EVA 黏结层(有含氟膜、改性 EVA、PE、PET 等)。经典 TPT 结构背板如图3-3所示。

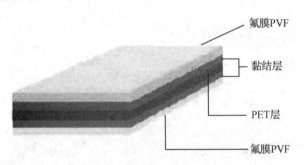

氟膜PVF

黏结层

PET层

氟膜PVF

图 3-3　经典 TPT 结构背板图示

TPT 具有优异的耐候性、较低的水汽渗透率、良好的电绝缘性、一定的黏结强度等优良特点。

封装时必须保持清洁,不得沾污或受潮,特别是内层不得用手指直接接触,以免影响与 EVA 的黏接强度。常用的规格为 0.2～0.3mm(厚度)×1 000mm(宽度)×

100m(长度)。TPT 主要的技术指标如表 3-3 所示。

表 3-3 TPT 主要的技术指标

序号	指标	参数要求
1	收缩率	0.25~1.3×110℃×45min
2	拉伸强度	≤2%×110℃×45min
3	剥离强度	≥25N/cm×25℃
4	耐电压	≥25kV/mm

TPT 质量检验方法如表 3-4 所示。

表 3-4 TPT 质量检验方法

序号	指标	检测事项
1	外观检验	抽检 TPT 表面无褶皱,无明显划伤
2	厚度检验	幅度符合协定厚度,允许公差为±3.0mm,用精度 0.01mm 测厚仪测定,在幅度方向至少测五点,取平均值,厚度符合协定厚度,允许公差为±0.03mm。用精度 1mm 的钢尺测定
3	抗拉强度	纵向≥170N/10mm,横向≥170N/mm
4	抗撕裂强度	纵向≥140N/mm,横向≥140N/mm
5	层间剥落强度	纵向≥4N/cm,横向≥4N/cm
6	EVA-剥落强度	纵向≥20N/cm,横向≥20N/cm
7	尺寸稳定性	纵向≤2%,横向≤1.25%
结论		按厂家出厂批号对以上 7 个项目进行样品抽检,当有一项或一项以上不符合检验要求,要对该批号产品进行再次样品抽检,如果仍有外观检验、剥落强度参数中的一项不符合质量要求的,则判定该批次产品为不合格产品

三、TPT 背板膜的储存与使用要点

(1)避光、避热、防潮,平整堆放,不得使产品弯曲和包装破损。

(2)最佳储存条件:恒温(20~25℃);恒湿(<60%)。避免阳光直射,远离热源,防尘、防火。

(3)背板保质期视不同材料而定,一般保质期为 12 个月;散装保存期不得超过 6个月。

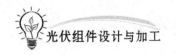

任务三　钢化玻璃的备料、选购和检验

一、钢化玻璃概述

标准太阳能电池组件的盖板材料通常采用低铁钢化玻璃,其特点是:透过率高、抗冲击能力强和使用寿命长。这种太阳能电池组件用的低铁玻璃,一般厚度为3.2mm,在晶体硅太阳能电池响应的波长范围内(320~1 100nm)透光率达90％以上,对于波长大于1 200nm的红外有较高的反射率,同时能耐太阳紫外线的辐射。利用紫外可见光光谱仪测得普通玻璃的光谱透过率(见图3-4)与太阳能电池组件用的超白玻璃光谱透过率(见图3-5),普通玻璃在波段700~1 100段透过率下降较快,明显低于超白玻璃的透过率。

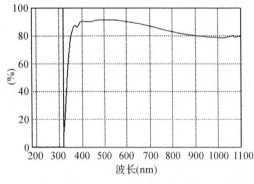

图3-4　普通玻璃的光谱透过率

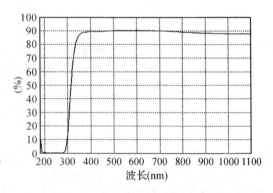

图3-5　组件用超白玻璃光谱透过率

由于普通玻璃体内含铁量过高及玻璃表面的光反射过大是降低太阳能利用率的主要原因之一,为此,玻璃制造商们对降低玻璃中的铁含量、研制新的防反射涂层或减反射表面材料,以及如何增加玻璃强度和延长使用寿命这三方面十分重视。目前,玻璃厂商已能熟练地对2~3mm薄玻璃进行物理或化学钢化处理,不仅光透过率仍保持较高值,而且使玻璃的强度提高为普通平板玻璃的3~4倍。薄玻璃经过钢化处理后,在太阳能利用中以薄代厚并能相对降低玻璃铁含量,提高光透过率及减轻太阳能电池组件的自重及成本,不仅切实可行,而且效果明显。

为了减少玻璃表面光反射率,玻璃制造商们通过物化处理方法,对玻璃表面进行一些减反射工艺处理,可制成"减反射玻璃",其措施主要是在玻璃表面涂布一层薄膜层,可行之有效地减少玻璃的反射率。此薄膜层又称之为减反射涂层。这种在玻璃表面制备的减反射层,可采用真空沉积法、浸蚀法和高温烧结法等工艺实现。据悉,玻璃制造商们选用浸蚀法工艺为多。该工艺是指浸涂硅酸钠与化学处理相结合制备减反射玻璃,经济又简便,其工艺流程大致如下:玻璃原片→洗涤→干燥→浸入硅酸钠溶液→提取玻璃→低温烘干(或自然风干)→二次化学处理→提取并烘干→检测(透光率、反射率及膜厚)→包装→出厂该工艺方法可使玻璃透光率比原先提高4％～5％。如3mm光透过率由原来的80％提高到85％,折射率较高的超白玻璃(含铁量较低),光透过率可从原来的86％提高到91％。这种涂层与玻璃能够牢固地结合,经测试表明其耐磨性非常好。

除玻璃外,一些组件封装厂商也采用透明 Tedlar、PMMA(俗称有机玻璃)板或PC(聚碳酸酯)板作为太阳能电池组件的正面盖板材料。PMMA 板和 PC 板具有透光性能好、材质轻的优点,但耐温性差,表面易刮伤,在太阳能电池组件封装方面的应用受到一定限制,目前主要用于室内或便携太阳能电池组件的封装。

二、钢化玻璃的检验内容、方法及性能

钢化玻璃的检验方法:将被测玻璃放入观察镜与光源之间,按下电源开关,透过观察镜片观察玻璃边部,钢化玻璃边部会出现彩色条纹,一般玻璃则什么也没有。如果玻璃已安装好且无法看到玻璃边部,可观察玻璃其他任意部分。一手拿光源照玻璃、另一手拿观察镜在玻璃的另一面观察,注意观察镜与光源之间的相对角度要基本对准。钢化玻璃可观察到黑白相间的斑块,一般玻璃则什么也没有。质量好的钢化玻璃斑块较大或连成片,质量差的玻璃黑斑较小,甚至成弯弯曲曲的黑色条纹状。如出现黄色斑点,则质量特别差,使用后非常可能自动爆碎。面板玻璃的性能参数如表3-5 所示。

表 3-5　面板玻璃的性能参数

性能参数	绒面玻璃	光面玻璃	增透镀膜玻璃
可见光透射率(％)	91.68	91.86	96.07
可见光反射率(％)	7.93	7.51	1.03
太阳光直接透射率(％)	91.81	91.88	96.07
太阳光直接反射率(％)	7.63	7.64	—
太阳光直接吸收率(％)	0.94	0.94	—
紫外线透射率(％)	86.01	85.03	—
太阳能总透射率(％)	91.93	92.01	96.09
遮蔽系数	1.03	1.03	—
检验标准	GB/T 2680—1994《建筑玻璃可见光透射比、太阳光直接透射比、太阳能总透射比、紫外线透射比及有关窗玻璃参数的测定》		

三、面板玻璃的储存与使用要点

避光、防潮,平整堆放,用防尘布覆盖。其最佳储存条件:恒温干燥的仓库,25～30℃,相对湿度45％。面板玻璃表面要清洁无水汽,不得用裸手接触玻璃表面。面板玻璃可采用木箱、纸箱或集装箱包装,每箱宜装同一厚度、尺寸的玻璃;玻璃与玻璃之间、玻璃与箱之间应采取防护措施,防止玻璃破损和玻璃表面被划伤;面板玻璃在搬

运和清洗过程中应轻拿轻放,注意安全;面板玻璃表面不能接触硬度较高的物品,以防划伤;不要用报纸擦拭玻璃;擦拭玻璃最好用吸湿性较好且不产生碎屑的干布蘸无水乙醇进行擦拭。

阅读材料

EVA 的交联度试验

EVA 的质量关键在它的交联度,不同批次、不同品牌的 EVA 关联度都不尽相同,因此 EVA 的交联度试验显得十分的重要。它的试验原理为:EVA 胶膜经加热固化形成交联,采用二甲苯溶剂萃取样品中未交联部分,从而测定出交联度。

EVA 试样:在生产线上随机抽取试样,抽样的数量及方法,从组件的四周及中间提取适量固化后的 EVA。

交联度试验方法:

(1)试剂:二甲苯(A、R 级)。

(2)试样设备:取出固化好的 EVA 用剪刀将 EVA 剪成 3mm×3mm 以下的小颗粒。

(3)剪取 120 目的不锈钢钢丝网面积为:60mm×120mm,洗干净后烘干,现对折成:60mm×60mm,两侧再折 5mm×2mm,打开后做成 40mm×60mm 的袋子,然后在天平上称重(精确到 0.001g)其代号为 W1。

(4)取出准备试验的 EVA 放入不锈钢钢丝网袋中,式样重量为 1.0g 左右,在天平上称重(精确到 0.001g)其代号为 W2。

(5)用 22 号细铁丝封住袋口做成试样包,在天平上称重(精确到 0.001g)其代号为 W3。

(6)将试样包用细铁丝悬挂吊在回流冷凝管下的烧杯中,烧杯内加入 1/2 的二甲苯溶剂,加热至 140℃ 左右,使溶剂沸腾回流 5 小时,回流速度保持在 20～40 滴/分钟。

(7)干燥:回流结束后,取出试样包冷却并除去溶剂,然后放入 140℃ 的烘箱内烘 3 小时,取出试样包,在干燥器中冷却 20 分钟,放在天平上称重(精确到 0.001g),其代号为 W4。

交联度结果计算:

$C=[1-(W3-W4)/(W2-W1)]×100$。

公式中各字母所代表的意思如下:

C:交联度(%);W1:空袋子的重量;

W2:装有 EVA 后的重量;W3:缠上铁丝后的重量;

W4:经过溶剂萃取并干燥后的重量。

将各项分析数据进行记录,填写实验报告。

第四章 电池片的焊接工艺

任务一 电池片的焊接工艺及焊接工具

一、焊接条件

在光伏组件生产和加工的过程中,焊接是一种主要的连接方法,它利用加热或其他方法,使两种材料进行有效、牢固、永久的物理连接。焊接通常分为熔焊、钎焊和接触焊三大类,在焊件不熔化的状态下,将熔点较低的钎料金属加热至熔化状态,并使之填充到焊件的间隙中,与被焊金属相互扩散达到金属间结合的焊接的方法称为钎焊,在光伏组件加工中主要采用的是钎焊,它又分为硬焊和软焊,两者的区别在于焊料的熔点不同,软焊的熔点不高于450℃。采用锡焊料进行焊接的又被称为锡焊,它是软焊的一种。锡焊方法简便,整修焊点、拆换元件、重新焊接都比较容易实施,使用简单的电烙铁即可完成任务。

由于太阳能电池片具有薄、脆和易开裂等物理特性,难以采用自动焊接工艺,目前国内外广泛采用的是手工焊接。焊接工位如图 4-1 所示。只有极少数国外的企业在光伏组件生产环节中采用自动焊接,采用自动焊接工艺,企业常常面临电池片损耗高的困境。在太阳能电池组件生产环节中,电池片的损耗率是有严格要求的,一般不能超过 0.4%,所以,只有经过严格的工艺训练达到相应标准才能在手工焊接岗位从事电池片的生产加工任务。

图 4-1 焊接工位

二、焊接工艺

太阳能电池片焊接工艺参数包括焊接温度、加热速度、保温时间、冷却速度、垫板温度等,其中焊接温度和保温时间最为关键。

1.焊接温度

通常应高于焊料溶点的 25~60℃,以保证焊料填满间隙的能力。如果提高温度,能减少焊料熔化的表面张力,从而提高润湿性,增强电池片与焊带之间的结合力。但

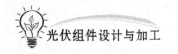

温度过高,会使电池片变形,产生过烧或溶蚀等缺陷。

2.加热速度

加热速度取决于电池片的厚薄程度、焊带的形状和尺寸以及焊带的成分。如果焊件的尺寸小或薄、导热性好或焊料内易蒸发元素多的,加热速度需要快些。

3.保温时间

保温时间应根据焊件的大小和焊料与电池片相互作用的剧烈程度决定。适当的保温时间有利于焊料与电池片之间的相互扩散,形成牢固的接头。一般来说,大件焊件的保温时间长一些;焊料与电池片作用剧烈的,保温时间要短一些。

4.冷却速度

冷却速度也取决于电池片的厚薄程度、焊带的形状和尺寸以及焊带的成分。从原理上分析,使用快速冷却有利于焊缝组织细化,可提高其力学性能。但对于较脆的电池片,应注意冷却速度不能过快,以防产生隐裂。

5.垫板温度

在规范的组件焊接工作台上,要求具备自动恒温加热功能的垫板装置(见图4-2),对焊接工作台的垫板进行加热。电池片放置在焊接工作台垫板上,垫板的温度决定了电池片的整体温度。垫板的温度太高会导致待焊电池片变形,垫板的温度太低会使待焊电池片与焊接温度之间温差加大,导致电池产生碎片。

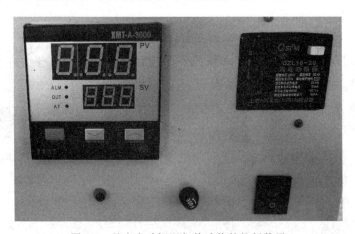

图4-2 具有自动恒温加热功能的垫板装置

三、焊接工具

在光伏组件生产中,常用的焊接工具是焊台和手持式小功率电烙铁。为了适应环保要求,推荐使用无铅焊台或无铅电烙铁进行焊接操作。使用无铅焊接时面临着焊接温度高、腐蚀性强、易氧化的特点,烙铁头的保养及使用方法十分重要。良好的、正确的烙铁头保养及使用方法可以避免生产中出现的虚焊、假焊,延长烙铁头的使用寿命,降低成本。

1.清洁海绵蘸水

使用焊台前先用水浸湿清洁海绵,先将清洁海绵湿水,再挤干多余的水分。如果使用非湿润的清洁海绵,会使烙铁头受损而导致不上锡。

2.烙铁头清理

焊接前先用清洁海绵清洁烙铁头上的杂质,这样可以保证焊点的质量不会出现虚焊、假焊,可以减慢烙铁头的氧化速度,延长烙铁头的使用寿命。

3.烙铁头涂敷焊锡保护层

利用具有自动温度调节功能的焊接台(见图 4-3)先把温度调到 300℃,然后清洁烙铁头,再加上一层新焊锡作保护,这样可以保护烙铁头和空气隔离,烙铁头不会和空气中的氧气发生氧化反应。

图 4-3　具有自动温度调节功能的焊接台

4.氧化的烙铁头处理方法

当烙铁头已经氧化时,可先将温度调到 300℃,用清洁海绵清理烙铁头,并检查烙铁头状况;如果烙铁头的镀锡层部分含有黑色氧化物时,可镀上新锡层,再用清洁海绵抹净烙铁头。如此重复清理,直到彻底去除氧化物,然后再镀上新锡层;如果烙铁头变形或穿孔,必须替换新的烙铁头。注意:切勿用锉刀剔除烙铁头上的氧化物。

四、注意事项

尽量使用低温焊接,无铅焊带所需温度为 400℃,如果温度超过 450℃,它的氧化速度是 370℃的两倍;要经常保持烙铁头上锡,防止氧化;焊接时,勿施加过大压力,否则会使烙铁头受损变形,只要烙铁头能充分接触焊点,热量就可以充分传递,另外选择合适的烙铁头也能达到更好的焊接效果,提高工作效率;对于发热芯,焊接时不要用力敲烙铁头,高温时容易将发热芯碰坏。

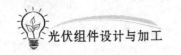

主机保养:在操作按键时用力要平衡,手柄插入主机时方向要对准,以免焊台短路烧坏。长时间不进行焊接操作时,应关闭焊台电源。如果烙铁头长时间处在高温状态,会使烙铁头上的焊剂转化为氧化物,从而致使烙铁头的导热功能大为减退。所以,当焊台不使用时应及时关闭电源(针对非控温及无自动休眠功能的焊台)。

数据记录

填写表 4-1 所示的电池片焊接操作记录表。

表 4-1　电池片焊接操作记录表

序号	练习操作项目	掌握程度	备注
1	焊接工位台的使用方法		
2	焊接的操作手法和姿态		
3	垫板温度的设定方法		
4	烙铁温度的调节方法		
5	烙铁头处理方法		
6	6S 管理要求		
存在的问题及改进建议: 操作员签字: 指导老师签字:			

思考与练习

1.整个焊接过程中需要使用的电器设备有很多,打开和关闭各种设备电源开关的秩序非常重要,你认为应如何安排和操作?

2.烙铁头的形状和种类很多,从太阳能电池片焊接的角度出发,应选择什么类型的烙铁头?

任务二 手工焊接操作与工艺

任务目标

用电烙铁在光伏电池练习片(特制覆铜板)上练习焊接,达到熟练掌握焊接技术的目的,为真正焊接电池片打下基础。

一、工艺要求

(1)焊接平直、光滑、牢固,用手沿 45°左右方向轻提焊带不脱落。

(2)练习片表面清洁,焊接条要均匀地焊在主栅线内。

(3)练习片焊接完整,无碎裂现象。

(4)不许在焊接条上有焊锡堆积。

(5)助焊剂每班更换一次,玻璃器皿及时清洗。

(6)作业过程中必须戴好帽子、口罩、指套,禁止用未戴手指套的手接触练习片。

(7)参数要求:烙铁温度 350～380℃,工作台板温度 45～50℃,烙铁头与桌面成 30°～50°角。

二、物料清单

(1)电池片(练习片)。

(2)涂锡焊带,规格多种,如 1.6/2mm×25±1mm。

(3)无水乙醇,规格为 99.5%。

(4)药用脱脂棉,医用。

(5)助焊剂。

(6)无尘布和清洁棉。

(7)手套或指套。

三、工具清单

手工焊接所需工具如下:

(1)恒温焊台或 220V/20W 内热式电烙铁,如智能无铅电焊台(QUICK203H)。

(2)镊子,小号不锈钢材质。

(3)测温计和助焊剂。

四、工作过程

1. 工作准备

(1)穿戴工作衣、鞋、帽、口罩,十个手指必须都戴指套,防止电池片污损。

(2)清洁工作台面、清理工作区域地面,做好工艺卫生,工具摆放整齐有序。

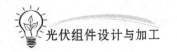

2.焊前准备

(1)预热电烙铁。打开电烙铁,检查烙铁是否完好,使用前用测温仪对电烙铁的实际温度进行测量,当测试温度和实际温度差异较大时及时修正,四个小时检查一次。将加热台温度调至50~80℃,烙铁温度设定为300~350℃。

(2)浸润焊带。将少量助焊剂倒入玻璃器皿中备用;将要使用的焊带在助焊剂中浸润后,用镊子将浸润后的焊带取出放在碟内晾干。

(3)在恒温焊台的玻璃上垫一张A4复印纸,上角做一小拆痕。

(4)将练习片正面(覆铜面)朝上,放在恒温焊台的玻璃上。

3.操作步骤一:简易工装制作

制作方法:按图4-4所示,分别裁取5×10cm的TPT与离形纸,按图示要求用双面胶粘接起来,再用双面胶将TPT固定在焊接台合适区域内,双面胶不可超出TPT的范围。

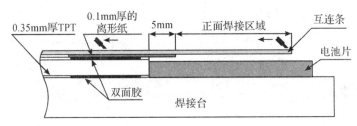

图 4-4　简易焊接夹具示意图

4.操作步骤二:练习操作

(1)按图4-5所示练习,取电池片紧靠工装A面,将互连条与电池片主栅线对齐,轻压住互连条和练习片,按调整好的温度和速度平稳焊接;焊接收尾处烙铁轻轻上提,以防止收尾处出现小锡渣。

(2)先焊长互连条的练习片,然后按要求焊接短互连条引出线的练习片。

(3)反复练习,掌握方法。

图 4-5　手工焊接操作示意图

5.操作步骤三:焊后检查

(1)焊接表面光亮,无锡珠和毛刺,无脱焊、虚焊和过焊。

(2)电池片表面清洁,无明显助焊剂。

(3)互连条要均匀、平直地焊在主栅线内,焊带与电池片主栅线的错位≤0.5mm。

(4)具有一定的机械强度,沿45°方向轻拉不脱落,品管首检。

(5)抽检烙铁温度和焊接质量,做好记录。

手工焊接操作方法如图4-6所示。

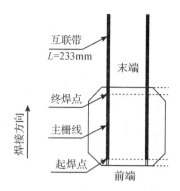

图4-6 手工焊接操作方法示意图

五、注意事项

(1)收尾处保证4~7mm不焊接;每焊接720片电池片更换一次简易工装。

(2)焊接好的电池片放入周转盒中,每隔11片放一张隔垫。

(3)严禁焊接作业员接触助焊剂;要把练习片真正当成电池片操作,小心操作,养成良好的习惯。

数据记录

填写表4-2所示的手工焊接操作记录表。

表4-2 操作记录表

焊接练习记录	焊接时间	质量检验数据	结论
1			
2			
3			
4			
5			
存在的问题及改进建议:			
			操作员签字:
			指导老师签字:

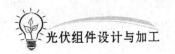

任务三　电池片单焊操作与工艺

任务目标

使用烙铁工具,将单片电池的正负极用焊带涂锡进行焊接,为下一工序串焊操作打下基础。

一、工艺要求

(1)焊接平直、光滑、牢固,用手沿45°左右方向轻提焊带不脱落。

(2)电池片表面清洁,焊接条要均匀的焊在主栅线内。

(3)单片完整,无碎裂现象。

(4)不许在焊接条上有焊锡堆积。

(5)助焊剂每班更换一次,玻璃皿及时清洗。

(6)作业过程中都必须戴好帽子、口罩、指套,禁止用未戴手指套的手接触电池片。

(7)参数要求:烙铁温度350～380℃,工作台板温度45～50℃,烙铁头与桌面成30°～50°角。

二、物料清单

(1)电池单片。

(2)涂锡焊带,规格多种,如1.6/2mm×25±1mm;助焊剂。

(3)无水乙醇,规格为99.5%。

(4)药用脱脂棉,医用。

(5)手套或指套;无尘布和清洁棉。

三、工具清单

(1)恒温焊台或220V20W内热式电烙铁。

(2)镊子,小号不锈钢材质。

(3)测温计和助焊剂碟。

四、工作准备

(1)穿好工作衣、工作鞋,戴好工作帽和手套。

(2)清洁工作台面、清理工作区域地面,做好工艺卫生,工具摆放整齐有序。

五、操作步骤

1. 操作步骤一：领料和选片

领到硅片后，轻轻打开包装盒，先检查硅片有无缺角或破损，然后清点硅片数量是否和硅片盒上标记数目相符，若不符应立即通过组长报告库管人员登记备案。如硅片色差严重，应按深浅不同分选电池片，将一致或相似的电池片分选出来，分类放置。具体要求如下：

(1)每块芯片无碎片、裂缝、裂纹现象。

(2)缺角或缺块不大于 $1mm^2$，每片不超过两个。

(3)表面无明显玷污，无栅线脱落，栅线断开不超过 1mm。

2. 操作步骤二：叠放

(1)将已经裁剪好的涂锡焊带领出。

(2)把待焊接电池片放置在顺手位置，堆放高度不超过 10 片。

(3)拿电池片时，每次只准拿 1 片。

(4)把背面无缺陷的电池片放在焊接热铝板上，正面向上，检查电池片的正面，注意电池片主栅线的方向性。

3. 操作步骤三：焊前准备

(1)预热电烙铁。打开电烙铁，检查烙铁是否完好，使用前用测温仪对电烙铁的实际温度进行测量，当测试温度和实际温度差异较大时及时修正，四个小时检查一次。

(2)浸润焊带。将少量助焊剂倒入玻璃器皿中备用；将要使用的焊带在助焊剂中浸润后，用镊子将浸润后的焊带取出放在碟内晾干。

(3)在恒温焊台的玻璃上垫一张 A4 复印纸，上角做一小拆痕。

(4)将电池单片正面(蓝色面)朝上，放在恒温焊台的玻璃上。

4. 操作步骤四：焊接过程

左手用镊子上下捏住焊带一端约 1/3～2/3 的长度，平放在单片的主栅线上，焊带的另一端接触到单片上的第一条栅线上(单片右边边缘约 2mm 处)。右手拿烙铁，从左至右用力均匀地沿焊带轻轻压焊。焊接时烙铁头的起始点应在单片左边边缘或超出边缘的 0.5mm 处；焊接中烙铁头的平面应始终紧贴焊带。当烙铁头离开电池时(即将结束)，轻提烙铁头，快速拉离电池片。每条主焊线焊接时间为 3～5s。

取助焊剂浸泡过的互连条，与主栅线对正，互连条的前端距电池片边沿第二根栅线，对于主栅线不是完整矩形的电池片，焊接起点位置应调整到主栅线尖部结构的底端，如图 4-7 所示。

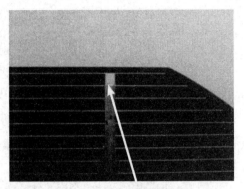

尖主栅线的从第三条细栅线起焊，如果尖端底　　　　　　　从第二条细栅线起焊
部在第二条细栅线，则从第二条细栅线起焊

图 4-7　焊接工艺示意图

5.操作步骤五:焊后检查

(1)芯片无碎裂、缺角缺块现象。已焊电池片应无焊剂的残迹;不容许有锡珠或毛刺。

(2)焊接面应平整光亮,无凸起的锡疙瘩,焊带条与芯片上的焊接条带要重合无弯曲。

(3)无虚焊漏焊现象,用手沿 45°左右方向轻提焊带条不脱落。轻拉焊带,检查有否虚焊。

(4)符合要求后在随工单上做好记录进入下道工序。

(5)对不符合要求的要自行返工。废片和待处理片分类放置。

(6)如果生产中出现大量错误应停止工作,找出原因再生产。

(7)焊接完毕把电池片正面向上放置堆放整齐,下面垫上轻软物品。

六、注意事项

(1)烙铁高温,要注意防烫伤,使用时注意不要伤到自己和别人。

(5)放置时放在烙铁架上,不允许随意乱放,电烙铁不用时应拔下插座。

(3)焊接前应检查烙铁头是否有残留的焊锡及其他赃物;如有,将烙铁头在干净的清洁棉上擦拭,去除残余物。

数据记录

填写表 4-3 所示的电池片单焊操作记录表。

表 4-3　电池片单焊操作记录表

焊接练习记录	焊接时间	相关检验数据	结论
1			
2			

（续表）

焊接练习记录	焊接时间	相关检验数据	结论
3			
4			
5			
6			

存在的问题及改进建议：

操作员签字：

指导老师签字：

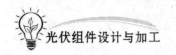

任务四　电池片串焊操作与工艺

任务目标

以模板为载体,用焊带结合辅助材料,把若干个电池焊接成 2 串,每串 6 个电池片,将单片焊接好的电池片进行正确串接(其中一串为练习片)。

一、工艺要求

(1)互连条焊接平直光滑,无突起、无毛刺、麻面。

(2)电池片表面清洁,焊接条要均匀落在背电极内。

(3)单片完整无碎裂现象。

(4)不许在焊接条上有焊锡堆积。

(5)手套和指套、助焊剂须每天更换,玻璃器皿要清洁干净。

(6)烙铁架上的海绵也要每天清洁。在作业过程中触摸材料须戴手套或指套。

(7)参数要求:烙铁温度 340～370℃,工作台板温度 50～80℃。

二、物料清单

(1)焊接合格的单个电池片。

(2)助焊剂和无水乙醇。

(3)浸泡助焊剂后经充分干燥的互连条(焊带)。

三、工具清单

(1)串接工作台。

(2)恒温焊台(电烙铁):60W:厚度为 0.25～0.35mm 的电池片;80W:厚度为 0.60～0.80mm 的电池片。

(3)定位模具:常用两种类型的模板是 125 和 156,串焊接模板(加热平台)如图 4-8 所示。

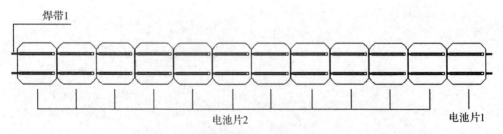

图 4-8　串焊模板示意图

（4）托板：放置已串接好的电池串。

（5）金属镊子、剪刀、毛笔和清洁棉。

（6）玻璃器皿：盛放助焊剂的玻璃器皿。

（7）抹布：可使用旧作业手套，用来擦拭电池片正背面的助焊剂。

（8）锉刀和螺丝刀：修理和更换烙铁头使用。

四、工作准备

（1）穿好工作衣工作鞋，穿戴工作衣、鞋、帽、口罩，十个手指必须都戴指套。

（2）清洁工作台面、清理工作区域地面，做好工艺卫生，工具摆放整齐有序。

（3）检查辅助工具是否齐备，有无损坏，如不完全或不齐备及时申领。

（4）根据所做组件大小，确定选择定位模板。

（5）打开电烙铁，检查烙铁是否完好，焊接前用测温仪对电烙铁实际温度进行测量，当测试温度和实际温度差异较大时即时修正。

（6）将助焊剂倒入玻璃器皿中，将要使用的焊带在助焊剂中浸润后，用镊子将浸润后的焊带取出放在碟内晾干。

五、工作过程

电池片串焊的工作场景和操作如图4-9所示。

图4-9　电池片串焊工作场景和操作示意图

1. 操作步骤一：来料检验

（1）焊接合格的单个电池片中芯片无碎，无裂缝、裂纹。

（2）电池片缺角、边上缺块不大于$1mm^2$，每片不超过2个。

（3）焊接合格的单个电池片焊锡条焊接平整，无虚焊现象。

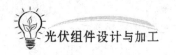

2. 操作步骤二：摆放电池片

(1)将单焊好的电池片的互连条均匀地涂上助焊剂。

(2)将电池片露出互连条的一端向右,依次在模板上排列好,正极(背面)向上,互连条落在下一片的主栅线内。

(3)将电池片按模板上的定位对正、对齐,检查电池片之间的间距是否均匀且相等,同一间距的上、中、下口的距离相等,成作业喇叭口状态。

3. 操作步骤三：串焊操作

(1)右手拿烙铁,从左至右用力均匀地沿焊带轻轻压焊。

(2)焊接时烙铁头的起始点应在焊带左边边缘或超出边缘的 0.5mm 处;焊接中烙铁头的平面应始终紧贴焊带,由左至右快速焊接,要求一次焊接完成。

(3)烙铁和被焊工件成 40°~50° 角进行焊接。焊接下一片电池时,还要顾及前面的对正位置要在一条线,防止倾斜。确定焊牢后,把电池片向左推,依次如此焊接。

(4)如果串接完整个组件后(4 串或 6 串),将电池串放置 PCB 板上,并放上流程单。

串焊操作注意项如图 4-10 所示。

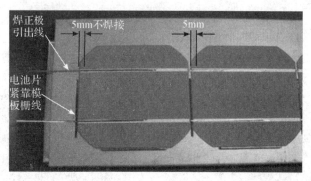

图 4-10 串焊操作注意项

4. 操作步骤四：焊中检查

(1)检查电池片背电极与电池正面互连条是否在同一直线,防止片之间互连条错位。

(2)电池片之间相连的互连条头部可有 3mm 距离不焊。

(3)在焊接过程中,若遇到个别尺寸稍大的片子,可将其放在尾部焊接;若遇到频率较高,只要能保证前后间距一致无喇叭口状,总长保持,即可焊接。

(4)虚焊时,助焊剂不可涂得太多,以免擦拭烦琐。

5. 操作步骤五：清洁和转移

(1)拭擦电池片时,用无纺布沾少量酒精小面积顺着互连条轻轻擦拭。

（2）焊接成串后,用酒精擦掉正极主栅线的助焊剂。

（3）接好的电池串,需检查正面,将其放在托板上,再在上面放置一块托板,双手拿好板轻轻翻转,放平即可。

（4）检查完的电池串放到托板上,每块托板只能放一串电池,要求电池串正面向上。

6.操作步骤六:焊后检查

（1）焊接好的电池串,检查互连条是否落在背电极内,电池串的片间距是否准确一致。

（2）检查电池片正面是否有虚焊、漏焊、短路、毛刺、麻面、堆锡等。

（3）检查电池串表面是否清洁,焊接是否光滑、有无隐裂及裂纹、电池片数量（缺一张或多一张）。检查确认合格后流入下道工序。

六、注意事项

（1）使用时注意不要伤到自己和别人,放置时放在烙铁架上,不允许随意乱放,长时间不用应关闭电源。

（2）应及时检查烙铁头是否有残留的焊锡及其他赃物;可将烙铁头在干净的清洁棉上擦拭,去除残余物。

（3）如发现虚焊、毛刺、麻面,不得在托板上焊接,需放到模板上修复。

（4）焊接时夹取焊带使用金属镊子操作,避免接触到烙铁头而被烫伤。

（5）如发现有正电极与负电极栅线偏移≥0.5mm的片子,则将该电池片调整为首片。

（6）不符合要求的退回上道工序返工,并做好记录。

（7）发现有大批质量问题或单片焊接问题应立即向相关人员报告。

数据记录

填写表 4-4 所示的串焊操作记录表。

表 4-4　串焊操作记录表

串焊练习记录	不符指标项	相关检验数据	结论
串 1			
串 2			
存在的问题及改进建议: 操作员签字: 指导老师签字:			

填写表 4-5 所示的电池片焊接操作项目实训评价表。

表 4-5　电池片焊接操作项目实训评价表

项目	指标	分值	评价方式			评价标准
			自测（评）	互测（评）	师测（评）	
任务完成情况		10				
		10				
		10				
		10				
技能技巧		10				
		10				
		10				
职业素养	实训态度和纪律	10				（1）按照 6S 管理要求规范摆放
	安全文明生产	10	—		—	（2）按照 6S 管理要求保持现场
	工量具定置管理	10	—		—	
合计分值						
综合得分						
教师指导评价	专业教师签字：＿＿＿＿＿＿＿＿＿＿＿＿＿＿　＿＿＿＿年＿＿＿＿月＿＿＿日 实训指导教师签字：＿＿＿＿＿＿＿＿＿＿＿＿　＿＿＿＿年＿＿＿＿月＿＿＿日					
自我评价小结	实训人员签字：＿＿＿＿＿＿＿＿＿＿＿＿＿＿　＿＿＿＿年＿＿＿＿月＿＿＿日					

第五章 叠层和滴胶工艺

任务一 拼接与叠层工艺

任务目标

以钢化玻璃为载体,在乙酸乙烯酯共聚物(EVA 胶膜)上将串接好的电池串用汇流带按照设计图纸要求进行正确连接,拼接成所需电池方阵,并覆盖乙酸乙烯酯共聚物(EVA 胶膜)和 TPT 背板材料完成叠层过程(见图 5-1)。为了保证叠层过程中拼接电极的正确,通过模拟太阳光源对叠层完成的电池组件进行电性能测试检验。

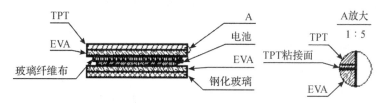

图 5-1 组件叠层次序示意图

一、工艺要求

(1)电池串定位准确,串接汇流带平行间距与图纸要求一致(+0.5mm)。

(2)汇流带长度与图纸要求一致(+1mm)。

(3)汇流带平直无折痕,焊接良好无虚焊、假焊、短路等现象。

(4)组件内无裂片、隐裂、缺角、印刷不良、极性接反、短路、断路;电池串极性连接正确。

(5)组件内无杂质、污迹、助焊剂残留、焊带头、焊锡渣。

(6)EVA 与 TPT 大于玻璃尺寸,完全覆盖。EVA≥5mm,TPT≥10mm。

(7)EVA 无杂物、变质、变色等现象。

(8)TPT 无褶皱、划伤,TPT 不移位。

(9)组件两端汇流带距离玻璃边缘符合图纸设计尺寸要求,大于等于 13mm。

(10)缺角电池片尺寸:5mm×10mm,数量:≤2 个/组件,缺角电池片周围不能出现其他缺角电池片。

(11)玻璃平整,无缺口、划伤。

(12)所测组件的电压必须在组件测试电压的规定范围以内,不能小于组件测试

电压。

(13)触摸任何材料时和作业过程都必须戴干净的手套。

(14)线手套必须每班更换,保持手套的洁净干燥。

(15)助焊剂每班更换一次,玻璃皿及时清洗。

(16)移动或者翻转电池串时,必须借助PCB板,不可徒手移动。

二、物料清单

(1)焊接良好的电池串、钢化玻璃、乙酸乙烯酯共聚物(EVA)、TPT、汇流带。

(2)TPT小块和EVA小块、条形码、助焊剂、酒精、焊锡丝。

三、工具清单

(1)叠层中测工作台。

(2)叠层定位模板、电池串翻转泡沫板。

(3)300mm规格,精度0.5mm的钢板尺、镊子、斜口钳(剪刀)、棉签、玻璃器皿、无尘布、酒精壶、普通透明胶带、毛笔。

(4)电烙铁:60W:厚度为0.25~0.35mm的电池片;80W:厚度为0.60~0.80mm的电池片。

(5)烙铁架:加热中的烙铁不使用时必须放在烙铁架上。

(6)螺丝刀:根据电烙铁上使用的螺丝钉选用,换烙铁头使用。

(7)抹布:可使用旧作业手套。用来擦拭电池片正背面的助焊剂。

四、工作准备

(1)敷设人员必须穿工作服、戴工作帽(头发全部放在帽子里)、戴口罩(口、鼻在里面)、戴手套或指套(每只手不少于3只)工作,身体裸露部位不得接触原材料。

(2)清理工作区地面、工作台面,EVA、TPT搭放架,玻璃搭放架,排版用模板,存放电池串的PCB板。

(3)检查辅助工具是否齐备,又无损坏等,如不完全或齐备及时申领。

(4)插上电源,检查电烙铁完好。使用前用测温仪对电烙铁实际温度进行测量,当测试温度和实际测量温度差异较大时及时修正。

(5)将少量注焊剂倒入玻璃器皿中3/5位置备用,并加以标识。

(6)将少量酒精倒入酒精喷壶中备用。

(7)根据叠层图纸要求选择叠层定位模板。

五、操作步骤

1.操作步骤一:材料检测

(1)串接完成的电池芯片无碎,无裂缝、裂纹。

（2）串接后的电池芯片缺角、缺块不大于 $1mm^2$，每片不超过 2 个。

（3）串接平整，间距均匀（20±5mm），无虚焊漏焊，正反面无污渍，无突起的焊锡疙瘩。

2.操作步骤二:拼接前检查

（1）将放有电池串的 PCB 板抬到工作台上，放稳。

（2）检查电池串一面有无隐裂、裂片、缺口、缺角、主栅断裂、移位、虚焊等现象。互检并及时修好，如问题严重直接通知工艺员。

（3）用另一块 PCB 板盖在电池串上，两块 PCB 板夹住电池串，两名操作员工分别在 PCB 板的两端抓紧，并用手护住中间位置，同时向一个方向翻转，使电池串的另一面朝上。

（4）检查电池串另一面的焊接情况，有必要时进行补焊。

（5）电池串需用 PCB 板移动，两人同时抓紧电池串两头的电池片，将电池串稍稍抬起移动。

组件叠层工艺如图 5-2 所示。

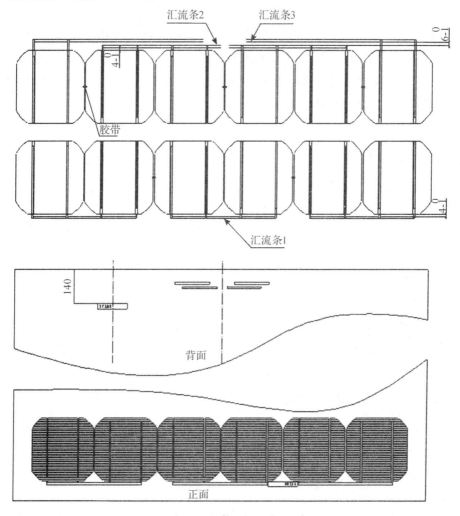

图 5-2　组件叠层工艺图

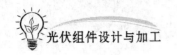

3.操作步骤三:拼接

(1)用双面胶把各串接条固定,串接条间距保持在2～2.5mm之间。

(2)根据要求用焊带条把串接条焊接起来,剪掉多余的焊带条,揭去双面胶的白纸。

(3)在组件上覆盖一层玻璃纤维,在引线一端铺上相应尺寸的EVA和TPT条以便把电极引线隔开。焊上电极引出线,引出线一般位于组件一端的中间位置,引线的间距为45～50mm,与近端玻璃边缘的距离25mm左右;出口组件,其引出线口离近端玻璃边缘的距离为25mm,引出线外侧两边之间的距离为45mm,各引出线均匀分布,引出线长度50～60mm。

(4)铺上一层EVA和一层TPT,把引线从EVA和TPT中引出,用透明胶带固定住引线,盖上相应大小尺寸的辅助玻璃翻转过来,移去上层玻璃。

(5)检查正面芯片有无碎片和虚焊,多余的焊带条是否剪掉,是否有垃圾污滞,发现问题及时处理。

(6)在正面铺上一层EVA,拿一块玻璃先检查是否有垃圾和污渍,是否有划伤和爆口。如果完好则盖上玻璃,翻转过来移走上面玻璃,送去检测。

(7)在做每一步之前要对前一步骤进行自检,将所测电压值填在组件的流程单上的相对位置,发现错误自行修正。

4.操作步骤四:叠层前检查

(1)将钢化玻璃抬至叠层工作台上,玻璃绒面朝上,检查钢化玻璃有无缺陷,检验项目参照《原材料检验标准》中钢化玻璃检验标准。

(2)将玻璃四角和叠层台上定位角标靠齐对正,用无纺布对钢化玻璃进行清洁。

(3)在钢化玻璃上平铺一层乙酸乙烯酯共聚物(EVA胶膜),EVA胶膜绒面向上。

(4)在玻璃两端EVA胶膜上放好符合组件板型设计的叠层定位模板,注意和玻璃四角靠齐对正。

(5)按照排版要求把串接好的芯片摆放在拼接玻璃上,注意正负极方向不要放反。检查电池串一面有无裂片、缺角、隐裂、移位、虚焊等现象,清洁表面异物、残留助焊剂。详细要求参照串接工序的质量标准执行。

5.操作步骤五:叠层

(1)将清洗好的钢化玻璃抬到叠层工作台上,玻璃的绒面朝上,检查钢化玻璃、EVA、TPT是否满足生产要求。

(2)在玻璃上平铺一层EVA,EVA在玻璃四边的余量大于5mm;注意EVA的光面朝向钢化玻璃的绒面。

(3)在EVA上放好符合组件板型的一套排版定位模具,电池串分别和头、尾端模板对应。

（4）按照模板上所标识的正负极符号，将电池串正确摆放在 EVA 上，电池串的减反射膜面朝下。

（5）电池串放置到位后，按照图纸要求及定位模板，用钢板尺对电池片的距离进行测量，调整电池串的位置。

（6）按照组件拼接图，正确焊接汇流带。

（7）将条形码贴于 TPT 小条上，并将小条放于汇流带引出位置并紧贴电池片边缘，使汇流带从小条的开口处穿过，此时条形码面对钢化玻璃。条形码与接线示意图如图 5-3 所示。

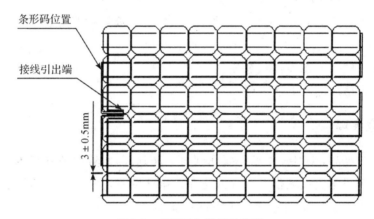

图 5-3　条形码与接线示意图

（8）在汇流带与 TPT 小条直接接触的地方垫一层 EVA 小条。

（9）铺一整张 EVA，其绒面朝向电池串，再铺一整张 TPT（注意正反面及开口方向）。

（10）将第二张 EVA 剪口。

（11）将汇流带引出线从 EVA 开口处穿过，再穿过 TPT 背板的开口。

（12）用透明胶带将引出的汇流带粘于背板 TPT 上。

6. 操作步骤六：叠层后检查

（1）检查 EVA 与 TPT 是否完全盖住玻璃，汇流带引出时是否短路，如有，立即调整。

（2）在中测台上，打开灯箱电源开关，将电压表的正极、负极分别夹在组件引出端的正极、负极，读出组件的电压值。各板型组件中期检测的电压范围如表 5-1 所示。

表 5-1　各板型组件中期检测的电压范围

组件板型	电池片规格	玻璃尺寸	中测电压范围
6 * 8	150mm	1 300mm×960mm	15～25V
6 * 9	157/156mm	1 488mm×994mm	16～28V
6 * 10	150mm	1 594mm×957mm	21～34V
6 * 12	125/126mm	1 574mm×802mm	25～36V

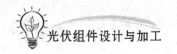

（3）并根据所给参数范围判断组件是否良好。

（4）关掉中测台电源。

（5）将所测电压值填在组件的流程单上的相对位置。

7. 操作步骤七：外观检查

（1）将组件放在检查支架上。

（2）检查组件极性是否接反。

（3）检查组件表面有无异物、缺角、隐裂。焊带与汇流带的焊点，两者之间的全屏互相浸润、融化，不能呈现橘皮状。

（4）检查组件串间距是否均匀一致。

（5）检查组件 EVA 与 TPT 完全盖住玻璃，超出玻璃边缘分别为：EVA＞5mm、TPT＞10mm。

（6）组件表面无异物、隐裂、裂片。

（7）检查合格后流入下道工序。

六、注意事项

（1）电烙铁高温，使用时注意不要伤到自己和别人，放置时放在烙铁架上，不允许随意乱放，以免引起火灾或伤及他人或物品。电烙铁不用时应拔下插销。

（2）覆盖 EVA、TPT 时一定要盖满钢化玻璃。

（3）拿电池串时每次只能拿一串，要轻拿轻放。

（4）对于不符合检验要求的返上道工序返工。

（5）将操作过程中的处理片和废片分类放置。

数据记录

填写表 5-2 所示的拼接与叠层工艺操作记录表。

表 5-2　拼接与叠层工艺操作记录表

序号	操作环节和项目	相关数据记录	完成情况
1	工作准备环节		
2	材料检测环节		
3	拼接前检查环节		
4	拼接环节		
5	叠层前检查环节		
6	叠层环节		
7	叠层后检查环节		
8	外观检查环节		

（续表）

存在的问题及改进建议：
操作员签字：
指导老师签字：

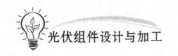

任务二　滴胶工艺

任务目标

了解滴胶工艺的操作流程,采用滴胶工艺完成对两个小组件的封装工作。

一、理论阅读

在光伏组件的封装工艺中,2Wp以下太阳能电池板通常采用滴胶工艺。它采用环氧树脂水晶滴胶封装,胶水由高纯度环氧树脂、固化剂及其其他改质组成。其固化产物具有耐水、耐化学腐蚀、晶莹剔透、光线损耗小、防尘、不易发黄的特点。滴胶工艺在光伏组件封装中应用广泛,还适用于金属、陶瓷、玻璃、有机玻璃等材料制作的工艺品表面装饰与保护。使用该工艺除了对工艺制品表面起到良好的保护作用外,还可增加其表面光泽与亮度,进一步增加表面装饰效果。滴胶工艺流程如图5-4所示。

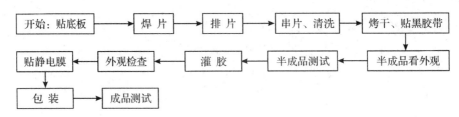

图5-4　滴胶工艺流程图

二、物料清单

(1)已划片、焊接好焊带的50mm×20mm单晶硅电池片1片。

(2)已划片、焊接好焊带的40mm×20mm多晶硅电池片1片。

要求:电池片芯片无碎裂现象,每片大于$1mm^2$的缺角或者缺块不超过2个,每片细栅断线不超过1根,断线长度不超过1mm。

三、工具清单

(1)称量器具:天平秤或者电子秤1～2台。

(2)调胶器具:广口平底杯3～5个圆玻璃棒或者圆木棒(直径10mm,长260mm)2～3根。

(3)方形玻璃板(正常规格600mm×355mm×5mm),50块载具分隔垫块,14mm螺母(高12mm以上)若干颗。

(4)干燥设备:烘烤箱(内净深×宽×高=730mm×1200mm×1400mm)1～2台。

(5)液化气燃烧设备1套。

四、工艺要求

(1)天平秤(或电子秤)、烤箱、工作台面或作业物载具等器具要务必放置水平,否则会影响称量的准确或会使刚滴上胶水的作业物发生溢胶。

(2)用天平秤或电子秤称量胶水时一定要除去容器重量,以免称量不准。

(3)所用容器具务必干爽、清洁、无尘,否则会影响胶水固化后的表面效果,导致波纹、水纹以及麻点等不良现象发生。

(4)胶水务必按重量比称量准确,比例失调会使胶水长时间不干或硬胶变软胶。

(5)胶水务必搅拌均匀,否则胶水固化后表面会出现龟壳纹即树脂纹路,或者胶水会固化不完全。

(6)操作现场和工作环境须空气流通,并且务必做到无灰尘、杂物,否则会影响胶体透明度或使胶水固化后表面出现斑点效果。

(7)工作环境的空气相对湿度建议控制在68%以内,现场温度以23~25℃为宜。工作环境湿气太重,则胶水表面会被氧化成雾状或气泡难消;温度过低或者过高都会影响胶水固化和使用时间。

(8)滴过胶水的作业物要在集中区域待干,待干温度应该掌握在28~40℃。

(9)如需加快速度,可以采用加温固化的方式,但必须是要在集中待干区域待干90分钟以上才能进行加温,加温温度应该控制在65℃以内,具体干燥时间要根据胶水本身来定。E-07AB和E-08AB在65℃温度下可以8小时完全固化,操作常采用28~35℃的常温固化,时间应该会在20小时左右,这样可以最大限度地保证滴胶质量。

(10)胶桶开盖倒出胶水后需马上盖好,避免与空气长时间接触导致胶水氧化结晶,传统的滴胶都是用环氧树脂双组分A/B胶+固化剂。

五、配胶和环境

(1)配胶比例:按重量3:1配置,配胶量500g。

(2)配胶方法:将两种胶混合。搅拌均匀,静置或真空排气。

(3)固化条件:室温24小时或60℃下4小时。

(4)滴胶条件:被滴物表面除尘、除锈等杂物,室内湿度≤50%,操作时间30分钟。

六、操作步骤

1.操作步骤一:手工操作工艺

(1)先将准备好的底材,放入烘箱中60°预热处理,目的是去除表面的湿气。

(2)将去湿后的底材平放在水平一致的操作台板上等待滴注。

(3)根据用量,取一只清洁干净的烧杯,准确计量,将甲乙组分,按重量比例混合搅拌均匀,一定要混合均匀,否则会出现表面黏手和与底材脱层的现象。

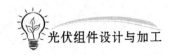
(4)然后将配好的混合料置入真空干燥箱中,开启真泵,在真空状态下脱除混合料中的气泡。

(5)取清洁干净的针管,将消泡后的水晶胶吸入针管内,然后计量并均匀地滴注。在预先准备好的底材(即标牌、商标等)之表面,一般水晶胶层厚度1.8mm,让其自然流平即可(注:以上过程控制在30分钟之内,以免胶液黏度增加,导致不能操作)。

(6)底材在滴胶后3~5分钟,观察胶面有无气泡或尘粒,如有小气泡,可用大头针将其刺破,如发现死角有未流到水晶胶的地方,用大头针引渡即可。

(7)浇注好的组件,在20~30℃的室温下固化8~10小时硬化,成为表面不黏手的水晶胸卡。

(8)制作体积较大的光伏组件时,可分二次滴胶,第一次滴胶后,固化2~3小时,再滴加一层。

(9)滴胶后的清洗:无论手工滴胶,还是自动化滴胶,完工后机械、设备、容器都需清洗干净,因为胶水硬化后,不溶于任何溶剂,因此必须在它没有硬化前将机器、容器都使用丙酮或无水酒精清洗干净。

2.操作步骤二:机械滴胶操作

(1)先将准备好的底材,放入烘箱中60°预热处理,目的是去除表面的湿气。

(2)将去湿后的底材平放在水平一致的操作台板上等待滴注。

(3)将胶水分别吸入滴胶机的两个真空储槽中,根据胶水的比重,算好胶水的体积比,然后设定好滴胶机的流量(注:体积比与重量比不同,因为A、B胶的比重可能有差异)。

(4)保持A、B胶分别处于真空状态中,开启滴胶机将A、B胶放入混合槽中,真空搅拌。

(5)将预先准备好的底材置于滴头之下,自动滴胶。一般胶层厚度1.8mm,让其自然流平即可,以上过程控制在30分钟之内,以免胶液黏度增加,导致不能操作,机械滴胶的胶凝胶时间比手工操作的通常要短30分钟凝胶,手工的2小时凝胶。

(6)底材在滴注胶水后3~5分钟,观察胶面有无气泡或尘粒,如有小气泡,可用大头针将其刺破,如发现死角有未流胶到的地方,用大头针引渡即可。

(7)滴胶后的清洗:无论手工滴胶,还是自动化滴胶,完工后机械、设备、容器都需清洗干净,因为水晶胶硬化后,不溶于任何溶剂,因此必须在它没有硬化前将机器、容器都清洗干净(建议:使用丙酮或无水酒精)。

七、问题处理

(1)形成气泡:注意滴完胶后,给予消泡。

(2)出现起雾:不要在潮湿的地方运作滴胶工序。

(3)产品油斑:胶水不要混入杂质。

(4)成品斑纹:滴好胶后不要马上包装,要待彻底干后再包装。

数据记录

填写表 5-3 所示的滴胶工艺操作记录表。

表 5-3 滴胶工艺操作记录表

序号	操作环节和项目	完成情况	备注
1	贴底板环节		
2	焊片环节		
3	排片环节		
4	串片、清洗环节		
5	烤干、贴黑胶带环节		
6	半成品看外观环节		
7	半成品测试环节		
8	灌胶环节		
9	外观检查环节		
10	贴静电膜环节		
11	包装和成品测试环节		
存在的问题及改进建议：			
		操作员签字：	
		指导老师签字：	

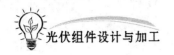

填写表 5-4 所示的叠层和滴胶工艺项目实训评价表。

表 5-4　叠层和滴胶工艺项目实训评价表

项目	指标	分值	评价方式			评价标准
			自测（评）	互测（评）	师测（评）	
任务完成情况		10				
		10				
		10				
		10				
技能技巧		10				
		10				
		10				
职业素养	实训态度和纪律	10				（1）按照 6S 管理要求规范摆放
	安全文明生产	10	—	—		（2）按照 6S 管理要求保持现场
	工量具定置管理	10	—	—		
合计分值						
综合得分						
教师指导评价	专业教师签字：＿＿＿＿＿＿＿＿＿＿＿＿＿＿＿＿　＿＿＿＿＿年＿＿＿＿月＿＿＿＿日 实训指导教师签字：＿＿＿＿＿＿＿＿＿＿＿＿＿＿　＿＿＿＿＿年＿＿＿＿月＿＿＿＿日					
自我评价小结	实训人员签字：＿＿＿＿＿＿＿＿＿＿＿＿＿＿＿＿　＿＿＿＿＿年＿＿＿＿月＿＿＿＿日					

第六章　组件缺陷检测、绝缘耐压测试

任务一　组件缺陷检测

一、EL 测试原理

电致发光,又称场致发光,英文名为 electroluminescence,简称 EL。目前,电致发光成像技术已被很多太阳能电池和组件厂家使用,用于检测产品的潜在缺陷,控制产品质量。

EL 的测试原理如图 6-1 所示,晶体硅太阳能电池外加正向偏置电压,电源向太阳能电池注入大量非平衡载流子,电致发光依靠从扩散区注入的大量非平衡载流子不断地复合发光,放出光子;再利用 CCD 相机捕捉到这些光子,通过计算机进行处理后显示出来,整个的测试过程是在暗室中进行。

本征硅的带隙约为 1.12eV,这样我们可以算出晶体硅太阳电池的带间直接辐射复合的 EL 光谱的峰值应该大概在 1150nm 附近,所以,EL 的光属于近红外光(NIR)。

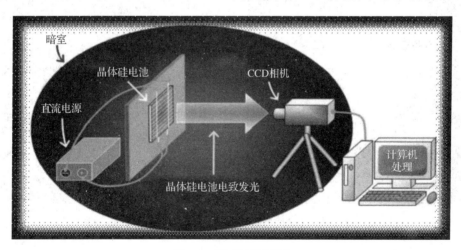

图 6-1　EL 测试原理图

EL 图像的亮度正比于电池片的少数载流子扩散长度与电流密度,有缺陷的地方,少数载流子扩散长度较低,所以显示出来的图像亮度较暗(见图 6-2)。通过 EL 图像的分析可以有效地发现硅材料缺陷、印刷缺陷、烧结缺陷、工艺污染、裂纹等问题。

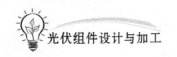
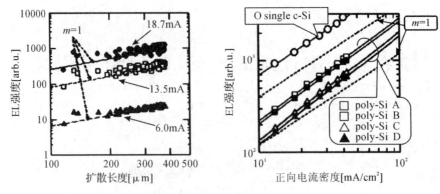

图 6-2　EL 强度决定于正向注入电流密度和少子扩散长度

二、EL 图像分析

1. 隐裂

硅材料的脆度较大,因此在电池生产过程中,很容易产生裂片,裂片分两种,一种是显裂,另一种是隐裂。前者是肉眼可直接观察到,但后者则不行。后者在组件的制作过程中更容易产生碎片等问题,影响产能。

通过 EL 图就可以观测到,由于(100)面的单晶硅片的解理面是(111),因此,单晶电池的隐裂是一般沿着硅片的对角线方向的"X"状图形,如图 6-3 所示。

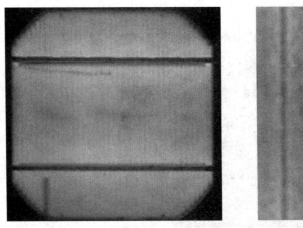
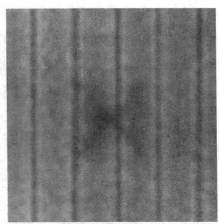

图 6-3　单晶硅电池的隐裂 EL 图及区域放大图

但是由于多晶硅片存在晶界影响,有时很难区分其与隐裂,如图 6-4 的圆圈区域。所以给有自动分选功能的 EL 测试仪带来了困难。

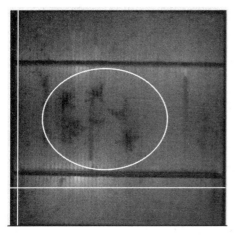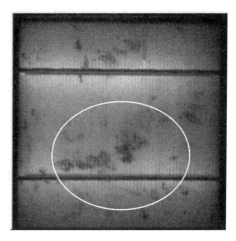

图 6-4   多晶片的 EL 图

2. 断栅

印刷不良导致的正面银栅线断开,如图 6-5 所示,EL 图中显示为黑线状。这是因为栅线断掉后,从汇流条上注入的电流在断栅附近的电流密度较小,致 EL 发光强度下降。

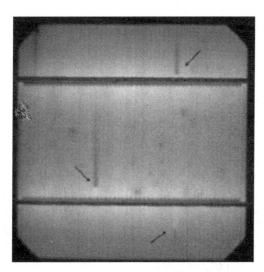

图 6-5   印刷断线的 EL 图

3. 烧结缺陷

一般而言,烧结参数没有优化或设备存在问题时,EL 图上会显示网纹印,如图 6-6(a)所示。采取顶针式或斜坡式的网带则可有效消除网带问题,图 6-6(b)是顶针式烧结炉里出来的电池,图中黑点就是顶针的位置。

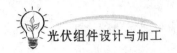

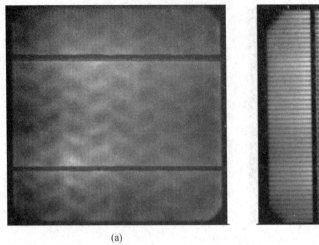

(a)　　　　　　　　　　　　　　(b)

图 6-6　有烧结问题的 EL 图

4. "黑心"片

直拉单晶硅拉棒系统中的热量传输过程,对晶体缺陷的形成与生长起着决定性的作用。提高晶体的温度梯度,能提高晶体的生长速率,但过大的热应力极易产生位错。图 6-7 就是我们一般所说的"黑心"片的 EL 图。在图中可以看到清晰的旋涡缺陷,它们是点缺陷的聚集,产生于硅棒生长时期。此种材料缺陷势必导致硅的非平衡少数载流子浓度降低,从而降低该区域的 EL 发光强度。

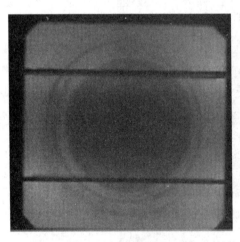

图 6-7　"黑心"片 EL 图

5. "漏电"问题

漏电电池一般指电性能测试时,Irev2 值(给电池加反向偏置电压−12V 时的电流值)偏大的片子。如图 6-8(a)所示,EL 显示的较粗黑线表明该区域没有探测器可探测到的光子放出。我们再给电池加反压测试其发热情况,结果如图 6-8(b)所示,可见与 EL 对应区域发热严重。用显微镜观察后分析可知,在电池正面银浆印刷,由于硅片表面存在划伤,浆料进入裂缝的 pn 结位置;分选的 IV 测试加 12V 反压时,直接导致正面 pn 结烧穿短路。因此,EL 测试时,该区域显示为黑色。

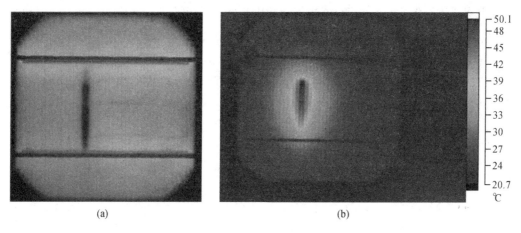

(a)   (b)

图 6-8 漏电电池片的 EL 图、红外图

需要额外说明的是,很多人认为 EL 测试时对电池加"反压",可以观测 Irev2 值的分布,这是不对的。图 6-9 是硅太阳电池的光子发光光谱范围、机理及探测器的适用范围。EL 使用的探测器一般为硅的 CCD,它的可测量光谱最多到 1 200nm 左右,而加反压下的电池的发热为辐射热,属于远红外(FIR)的范围。因此,硅的 CCD 不可能测量出电池的辐射发热。但用其他种类的探测器则可以,如 fluke 的红外热像仪使用的是氧化钒(VOx)的微辐射计,其可观测光谱区间为 8 至 14μm,因此可以测量远红外光。

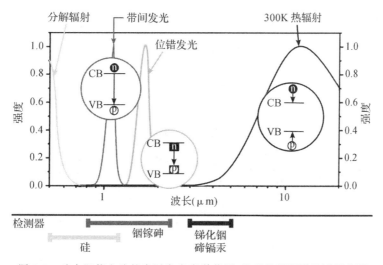

图 6-9 硅太阳能电池的光子发光光谱范围、机理及探测器的适用范围

三、EL 在组件中的应用

组件是由晶体硅太阳能电池通过串联或并联的方式连接起来,因此,EL 也适用

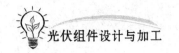

于组件的质量监控,在组件层压前和成品监督,均可以使用 EL 抽检组件质量问题。通过组件的 EL 图,可以看出组件内部电池隐裂、断栅、黑心片等问题。

但 EL 在测试组件时存在一些问题:由于组件尺寸较大,采用单个 CCD 相机的话,无论其像素有多高,都会产生四角图形畸变,而且由于景深的限制,周围的电池图片不是很清楚;如果采用多相机或连续拍摄拼接图片的方式,则要做到很好的图像拼合,对软件部分的要求很高。因此,从成本和测试产能的角度考虑,需要选择合适自己公司的 EL 测试台。

任务二　耐压测试操作

一、工艺说明

在耐压测试操作中描述的是在晶体硅太阳能组件内注 734 硅橡胶,密封引出口,并对晶体硅太阳能组件进行高压测试,目的是检测在 3 000V 的高压下,组件的漏电流要达到要求范围内,是对组件可靠性的一种测试。

二、理论阅读

电器产品的绝缘性能是评价其绝缘好坏的重要标志之一,它通过绝缘电阻反映出来。我们测定产品的绝缘电阻,是指带电部分与外露非带电金属部分(外壳)之间的绝缘电阻,按不同的产品施加直流高压,如 100V、250V、500V、1 000V 等,规定一个最低的绝缘电阻值。有的标准规定每 kV 电压,绝缘电阻不小于 1MΩ 等。目前在家用电器产品标准中,通常只规定热态绝缘电阻值,而不规定常态条件下的绝缘电阻值,常态条件下的绝缘电阻值由企业标准自行制定。如果常态绝缘电阻值低,说明绝缘结构中可能存在某种隐患或受损。如电机绕组对外壳的绝缘电阻低,可能是在嵌线时绕组的均线槽绝缘受到损伤所致。在使用电器时,由于突然上电或切断电源或其他缘故,电路产生过电压,在绝缘受损处产生击穿,对人身安全造成威胁。

绝缘电阻表又称兆欧表、摇表、梅格表。绝缘电阻表主要由三部分组成:一是直流高压发生器,用以产生直流高压;二是测量回路;三是显示。

1. 直流高压发生器

测量绝缘电阻必须在测量端施加一高压,此高压值在绝缘电阻表国家标准中规定为 50V、100V、250V、500V、1 000V、2 500V、5 000V。直流高压的产生一般有三种方法。第一种手摇发电机式。目前我国生产的兆欧表约 80% 采用这种方法(摇表名称来源)。第二种是通过市电变压器升压,整流得到直流高压。一般市电式兆欧表采用此方法。第三种是利用晶体管振荡式或专用脉宽调制电路来产生直流高压,一般电池式和市电式的绝缘电阻表采用这一方法。

2. 测量回路

摇表(兆欧表)中测量回路和显示部分是合二为一的。它是由一个流比计表头来完成的,这个表头中有两个夹角为 60° 左右的线圈组成,其中一个线圈是并在电压两端的,另一线圈是串在测量回路中的。表头指针的偏转角度决定两个线圈中的电流比,不同的偏转角度代表不同的阻值,测量阻值越小串在测量回路中的线圈电流就越大,那么指针偏转的角度越大。另一个方法是用线性电流表进行测量和显示。前面用到的流比计表头中由于线圈中的磁场是非均匀的,当指针在无穷大处,电流线圈正好在磁通密度最强的地方,所以尽管被测电阻很大,流过电流线圈的电流很少,此时线圈的偏转角度会较大。当被测电阻较小或为0时,流过电流线圈的电流较大,线圈已偏转到磁通密度较小的地方,由此引起的偏转角度也不会很大。这样就达到了非线性的矫正。一般兆欧表表头的阻值显示需要跨几个数量级。但当用线性电流表头直接串入测量回路中就不行了,在高阻值时的刻度全部挤在一起,无法分辨,为了达到非线性矫正就必须在测量回路中加入非线性元件。从而达到在小电阻值时产生分流作用。在高电阻时不产生分流,从而使阻值显示达到几个数量级。随着电子技术及计算机技术的发展,数显表逐步取代指针式仪表。

三、设备需求

ET2671A型耐压测试仪、有限流的直流电压源,能提供500V或1 000V加上规定两倍组件的最大系统电压的电压;测量绝缘电阻的仪器、工作台、注胶枪、连接线。

四、材料需求

734硅橡胶、棉质抹布。

五、试验条件

对组件试验的条件:温度为环境温度(见GB/T 2421.1—2008),相对湿度不超过75%。

六、工艺定义

(1)在操作时必须穿绝缘鞋、戴绝缘手套,必须站在绝缘胶垫上,不能和地面直接接触。

(2)测试区必须保证地面和设备干燥、无积水。

(3)测试过程中,测试员工不能将身体的任何部位接触高压测试仪,并警告不相干人员离开测试区至少100cm的地方。

(4)将734硅橡胶安装到注胶枪上,用美工刀在距注胶口7cm的地方划开。

(5)用金属镊子拽动汇流带,检查汇流带和端子连接是否紧密不松动,然后将734硅橡胶打入汇流带引出位置,将出线端完全密封。

七、质量要求

(1)在测试中,无绝缘击穿或表面无破裂现象。

(2)对于面积小于0.1m的组件绝缘电阻不小于400MΩ。

(3)对于面积大于0.1m的组件,测试绝缘电阻乘以组件面积应不小于40MΩ·m。

八、耐压测试操作

（1）将汇流带短接，放掉组件本身的静电。将测试仪两根连接线分别夹住对应的汇流带，另外的一根连接线，夹住组件的一个铝边框的安装孔。

（2）开启耐压测试仪电源，观察数据显示，确保在无高压输出状态时连接组件。

（3）在电压表只是为"0"并在"复位"状态下，把地线连接好。

（4）设定漏电电流测试所需值，按动"预置"键。选择所需电流范围档，调节所需漏电流值，数据如表6-1所示。

表6-1　耐压测试电流范围档

项　目	参　数
电压测试	DC3 000 V
漏电流测试范围	DC0.005～0.007mA
漏电流报警预制范围	DC0.01～0.02mA
大气压力	101.25kPa
时间测试范围	60s
变压器容量	750VA

（5）设定测试时间，按时间个位键、十位键，设定所需测试时间，按"启动"键，将电压调到所需测试值，到定时时间后判断被测组件是否合格。

（6）如被测组件超过规定漏电流值，不到时间超漏电灯会自动亮起，蜂鸣器会报警，表明此组件不合格。计时时间到，测试电压被切断，则表明被测组件合格。

（7）关闭耐压测试仪电源，等到测试灯熄灭，无高压输出状态时再拆卸连接线，更换组件重复以上步骤。

九、绝缘电阻测试

（1）将组件引出线短路后接到有限流装置的直流绝缘测试仪的正极。

（2）将组件暴露的金属部分接到绝缘测试仪的负极。如果组件无边框，或边框是不良导体，将组件的周边和背面用导电箔包裹，再将导电箔连接到绝缘测试仪的负极。

（3）以不大于500V·s的速率增加绝缘测试仪的电压，直到等于1 000V加上两倍的系统最大电压。如果系统的最大电压不超过50V，所施加的电压应为500V。维持此电压1min。

（4）降低电压到零，将绝缘测试仪的正负极短路使组件放电。

（5）拆去绝缘测试仪正负极的短路。

（6）以不大于500V·s的速率增加绝缘测试仪的电压，直到等于500V或组件最大系统电压的高值。维持此电压2min，然后测量绝缘电阻。

（7）降低电压到零，将绝缘测试仪的正负极短路使组件放电。

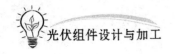
(8)拆去绝缘测试仪与组件的连线及正负极的短路线。

注:如果组件无金属边框,也没有上玻璃层,应将金属板放在组件的正面上重复绝缘试验。

十、结束工作

在无人操作时,测试人员必须关闭高压测试仪电源和其他电源。

数据记录

填写表 6-2 所示的耐压测试数据记录表。

表 6-2　耐压测试数据记录表

组件序号	电压峰值	通电时间	漏电流	结论
1				
2				
1.测试环境说明:				
2.存在的问题及改进建议:				
			操作员签字:	
			指导教师签字:	

第七章　层压工艺

任务一　层压前组件串测试工艺

一、适用范围

层压前组件串测试工艺,适用于敷设后的各种规格电池组件的初步电性能测试。

二、测试内容

电池组件的电性能曲线。

三、测试工具和仪器

(1)太阳能电池组件测试仪。
(2)计算机及监控软件。
(3)测试工作台。
(4)扫描仪。

四、准备工作

(1)清洁测试仪的玻璃,检查连接线是否完好。
(2)打开组件测试仪开关。
(3)打开计算机,进入 Windows 版面,在 E 盘建立名称为"测试数据"的文件夹。
(4)打开测试软件的主程序"Sun cat"软件;在文件菜单选择"工作目录",用鼠标点击;
(5)出现图 7-1 所示对话框,选中路径为 E:\测试数据\;建立一个当天日期(月日数字)组成的新文件夹,然后选中,单击"确定"。

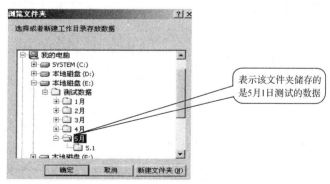

图 7-1　文件夹图片

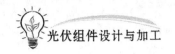

五、操作步骤

(1)将敷设好的组件抬至检测架进行自检。

(2)组件自检后,抬至测试仪上的搁板上,须注意电池片不要被搁板遮挡。

(3)测试者站在面对玻璃短边引出线端,左手拿正极,右手拿负极,对应接在组件正负引出线上,然后点击"开始测试"。

(4)计算机会自动弹出 I-V 曲线与一个对话框;观察曲线是否有台阶或者不光滑现象,如没有,则用鼠标双击"序列号"后的文本,使之都变蓝。

(5)用条码扫描仪扫描测试组件背板上的条码,听见"嘀"一声,表示扫描成功。

(6)点击 OK,保存数据(见图 7-2),在引出线靠近玻璃边处轻轻加盖"正常"章,表示已检测合格。

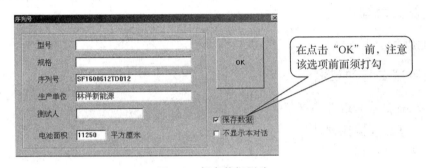

图 7-2　保存数据图片

(7)将合格的待层压组件按序装入待层压周转车。

(8)重复步骤(1)~(7)完成测试动作。

(9)测试完毕,关闭测试仪,关闭计算机,关掉电源。

六、工艺要求

(1)如在测试时发现曲线异常或对曲线有疑惑,则对 4 根引出线进行第 1、2 根,第 2、3 根,第 3、4 根分串测试,观察分串是否正常,如分串曲线均正常,且各分串电流差异在 0.2 以内,则以正常组件流转下去;如发现分串曲线有异常,则说明该分串电池片有缺陷,需要进行返工。

(2)在搬运组件的时候用手托组件,严禁大拇指压着背板。

(3)在测试的时候,连接导线轻轻接触组件的引出线,尤其是采用画线法引出的组件。

(4)组件测试出的功率大于该组件系列的 50%,例如 160W 系列组件测试功率须大于 80W,190W 系列组件测试功率须大于 95W,否则判定不合格,需要进行返工。

(5)160W 系列组件的空载电压 Voc 要大于 40V,190W 系列组件的空载电压 Voc 要大于 30V;如果达不到这个数值,则对组件进行检查,因为很有可能该组件电池片的极性有反向连接。

七、排查步骤

(1)在测试中发现曲线异常,找出异常曲线的两串。

(2)分开测试两串的曲线,找出异常曲线的一串。

(3)连接线一头接触曲线异常电池串的引出线,固定不动,另一头接触曲线异常电池串的另一端,逐个电池片的测试过去,直到曲线正常,即上一片电池片为异常电池片。

数据记录

填写如表 7-1 所示的层压前组件串测试操作记录表。

表 7-1 层压前组件串测试操作记录表

组件串测试记录	测试功率	空载电压	测试结论
1			
2			
3			
4			
5			
6			
存在的问题及改进建议:			
操作员签字:			
指导老师签字:			

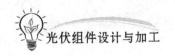

任务二　半自动层压机操作与工艺

任务目标

利用小型的半自动层压机将拼接好的电池组件热压密封。

一、理论阅读

太阳能电池层压机集真空技术、气压传动技术、PID温度控制技术于一体,适用于单晶硅电池组件、多晶硅电池组件的层压生产。其外形结构如图7-3所示。层压机工作原理都基本相同,在控制台上可以设置层压温度、抽气、层压和充气时间,控制方式有自动与手动两种。在层压用EVA封装的太阳电池时,一般设置温度100~150℃,这个温度下EVA刚好处于熔融状态而不会被固化。从层压机可以看到上室真空、上室充气、下室真空、下室充气等控制按钮。打开层压机的上盖,上盖内侧有个胶皮气囊,上室指的就是这个气囊;上盖与下腔之间有密封圈,上盖板与下腔之间形成一个密封室为下室。打开上盖,可以看到下面有两层耐高温的玻璃布,玻璃布下面是加热板。层压过程中,电池片与EVA、TPT、玻璃层叠后放入两层胶布之间,玻璃布有减缓EVA升温速率的作用,能减少气泡产生,同时可以防止熔融后的EVA流出来弄脏加热板。

图7-3　层压机

层压的基本过程:打开层压机,按下加热按钮,设定好工作温度;待加热板温度达到指定温度(可以从控制台上看到)后,将层叠好的电池片放入层压机并合上盖,合盖后第一步是下室抽气。层叠好的太阳电池片放置在两层玻璃布间(属于下室部分)时,EVA在层压机内开始受热,受热后的EVA处于熔融状态,EVA与电池片、玻璃、

TPT之间有空气存在,下室抽气(抽真空)可以将这些间隙中的空气排除。如果抽气时间和层压温度设置不当,在组件玻璃下面常会出现气泡,致使组件使用过程中,气泡受热膨胀而使EVA脱层,影响组件的外观、效率与使用寿命。抽气的下一步是加压(层压)。在加压过程中,下室继续抽真空,上室充气,胶皮气囊构成的上室,充气后体积膨胀(由于下室抽真空)充斥整个上下室之间,挤压放置在下室的电池片、EVA等,熔融后的EVA在挤压和下室抽空的作用下,流动充满玻璃、电池片、TPT之间的间隙,同时排出中间的气泡。这样,玻璃、电池片、TPT就通过EVA紧紧黏合在一起。层压好后需要开盖将电池取出,前两个过程下室处于抽真空状态,大气压作用下,上盖受向下的压力。开盖时,先是下室充气,上室抽空,使放电池组件的下腔气压与大气压平衡,再利用设置在上盖的两开盖支臂将上盖打开。将太阳能电池取出后,可以进行下一块太阳能电池组件的封装。

在层压操作过程中,一般在正常工作时,可以设定好层压温度及抽气、层压、充气的时间,控制键拨到自动档,开盖放入太阳能电池,合盖后让其自动工作,层压好后会自动开盖,取出层压好的电池组件后可以进行下一工作循环。在设置工作温度、抽气层压时间时要视层压机情况、电池大小而定;进口设备与国产设备有差异,一般层压机厂商会给用户提供一个经验参数,用户在使用过程中,逐步作些修正,再确定自己的最优值。

层压机使用过程中的注意事项:

(1)层压机合盖时压力巨大,切记下腔边框不得放异物,以防意外伤害或设备损毁。

(2)开盖前必须检查下室充气是否完成,否则不能开盖,以免损坏设备。

(3)控制台上有紧急按钮,紧急情况下,整机断电。故障排除后,将紧急按钮复位。

(4)层压机若长时间未使用,开机后应空机运转几个循环,以便将吸附在腔体内的残余气体及水蒸气抽尽,以保证层压质量。

二、工艺要求

(1)TPT是否无划痕、划伤,正反面要正确。

(2)组件内无头发、纤维等异物,无气泡、碎片。

(3)组件内部电池片无明显位移,间隙均匀,最小间距不得小于1mm。

(4)组件背面无明显凸起或者凹陷。

(5)组件汇流条之间间距不得小于2mm。

(6)EVA的凝胶率不能低于75%,每批EVA测量两次。

三、物料清单

叠层好的组件、四氟布(高温布)半自动层压机。

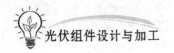

四、工具清单

层压机、美工刀、文具胶带、汗布手套、手术刀手套。

五、工作准备

(1)工作时必须穿工作衣、工作鞋,戴工作帽,佩戴绝热手套。

(2)做好工艺卫生(包括层压机内部和高温布的清洁)。

(3)确认紧急按钮处于正常状态。层压机按钮如图7-4所示。

(4)检查循环水水位。

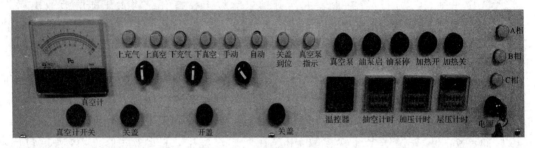

图 7-4　层压机按钮

六、操作步骤

1.操作步骤一:层压前检查

(1)组件内序列号是否与流转单序列号一致。

(2)流转单上电流、电压值等是否未填或未测、有错误等。

(3)组件引出的正负极(一般左正右负)。

(4)引出线长度不能过短(防止装不入接线盒)、不能打折。

(5)TPT 是否有划痕、划伤、褶皱、凹坑,是否有安全覆盖玻璃,正反面是否正确。

(6)EVA 的正反面有无破裂、污物等。

(7)玻璃的正反面、气泡、划伤等。

(8)组件内的锡渣、焊花、破片、缺角、头发、黑点、纤维、互连条或汇流条的残留等。

(9)隔离 TPT 是否到位、汇流条与互连条是否剪齐或未剪。

(10)间距(电池片与电池片、电池片与玻璃边缘、串与串、电池片与汇流条、汇流条与汇流条、汇流条到玻璃边缘等)。

2.操作步骤二:层压操作

(1)检查行程开关位置。

(2)开启层压机,并按照工艺要求设定相应的工艺参数,升温至设定温度。

(3)走一个空循环,全程监视真空度参数变化是否正常,确认层压机真空度达规定要求。

(4)试压,铺好一层纤维布,注意正反面和上下布,抬一块层压组件放入半自动层压机内。

(5)取下流转单,检查电流电压值,查看组件中电池片、汇流条是否有明显位移,是否有异物、破片等其他不良现象,如有则退回上道工序。

(6)戴上手套从存放处搬运叠层完毕并检验合格的组件,在搬运过程中手不得挤压电池片(防止破片),要保持平稳(防止组件内电池片位移)。

(7)将组件玻璃面向下、引出线向左,平稳放入层压机中部,然后再盖一层纤维布(注意使纤维布正面向着组件),进行层压操作。

(8)观察层压工作时的相关参数(温度、真空度及上、下室状态),尤其注意真空度是否正常,并将相关参数记录在流转单上。

(9)待层压操作完成后,层压机上盖自动开启,取出组件。

(10)冷却后揭下纤维布,并清洗纤维布。

(11)检查组件符合工艺质量要求并冷却到一定程度后,修边(玻璃面向下,刀具斜向约 $45°$,注意保持刀具锋利,防止拉伤背板边沿)。

(12)经检验合格后放到指定位置,若不合格则隔离等待返工。

3. 操作步骤三:层压中观察

(1)打开层压机上盖,上室真空表为 -0.1MPa、下室真空表为 0.00MPa,确认温度、参数。

(2)符合工艺要求后进料;组件完全进入层压机内部后单击"下降";上、下室真空表都要达到 -0.1MPa(抽真空)(如发现异常按"急停",改手动将组件取出,排除故障后再试压一块组件),等待设定时间走完后上室充气(上室真空表显示)0.00MPa、下室真空表仍然保持 -0.1MPa 开始层压。层压时间完成后下室放气(下室真空表变为0.00MPa、上室真空表仍为 0.00MPa),放气时间完成后开盖(上室真空表变为 -0.1MPa、下室真空表不变)出料;接着四氟布自动返回至原点。

4. 操作步骤四:层压后观察

(1)TPT 是否有划痕划伤,是否安全覆盖玻璃、正反面是否正确、是否平整、有无褶皱、有无凹凸现象出现。

(2)组件内的锡渣、焊花、破片、缺角、头发、纤维等。

(3)隔离 TPT 是否到位,汇流条与互连条是否剪齐。

(4)间距(电池片与电池片、电池片与玻璃边缘、串与串、电池片与汇流条、汇流条与汇流条、汇流条到玻璃边缘等)。

(5)色差、负极焊花现象是否严重。

(6)互连条是否有发黄现象,汇流条是否移位。

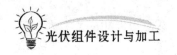

（7）组件内是否出现气泡或真空泡现象。

（8）是否有导体异物搭接于两串电池片之间造成短路。

七、注意事项

（1）层压机由专人操作，其他人员不得进入。

（2）修边时要注意安全。

（3）玻璃纤维布上无残留 EVA、杂质等。

（4）钢化玻璃四角易碎，抬放时须小心保护。

（5）摆放组件，应拿平放，手指不得按压电池片。

（6）放入组件后，迅速层压，开盖后迅速取出。

（7）检查冷却水位、行程开关和真空泵是否正常。

（8）区别画面状态和控制状态，防止误操作。

（9）出现异常情况按"急停"后退出，排除故障后，首先恢复下室真空。

（10）下室放气速度设定后，不可随意改动，经设备主管同意后方可改动，并相应调整下室放气时间，层压参数由技术部来定，不得随意改动。

（11）上室橡胶皮属贵重易耗品，进料前应仔细检查，避免利器、铁器等物混入，划伤胶皮。

（12）开盖前必须检查下箱充气是否完成，否则不允许开盖，以免损伤设备。

（13）更换参数后必须走空循环，试压一块组件。

数据记录

填写表 7-2 所示的层压操作参数。

表 7-2　层压操作参数记录表

序号	项目	参数	备注
1	基本设定温度		
2	起压温度		
3	真空时间		
4	充气时间		
5	层压时间		
6	机内冷却时间		
7	机外冷却时间		
存在的问题及改进建议：			
		操作员签字：	
		指导老师签字：	

任务三　全自动层压操作工艺

任务目标

利用大型的全自动层压机将拼接好的电池组件热压密封。

一、工艺要求

（1）组件内单片无碎裂、无明显移位。

（2）层压作业前，必须让层压机自动运行几次空循环，以清除腔体内的残余气体。

（3）放入铺好的叠层组件时，要迅速进入层压状态。

（4）开盖后，迅速拿出层压完的组件。

（5）组件内内芯片无垃圾、碎片、裂纹、并片，组件内 $0.5 \sim 1mm^2$ 气泡不超过 3 个，$1 \sim 1.5mm^2$ 气泡不超过一个。

二、物料清单

叠层检验好的电池组件、酒精。

三、工具清单

全自动组件层压机、电脑一台、组件操作台、纤维布（上、下两层）、美工刀。

四、工作准备

（1）穿好工作衣、工作鞋，戴好工作帽和手套。

（2）清理工作区域地面，打扫工作台面卫生，擦拭纤维布和层压机 A、B、C 三级，使其表面干净整洁，工具摆放整齐有序。

五、操作步骤

1. 操作步骤一：作业前检查

（1）检查叠层好的组件进入层压机前是否完全被布遮盖。

（2）检查温度是否已达设定值，若温度已达到，检查真空泵开关是否已打开。

以秦皇岛博硕光电设备有限公司生产的全自动层压机为例，打开菜单界面如图 7-5 所示。

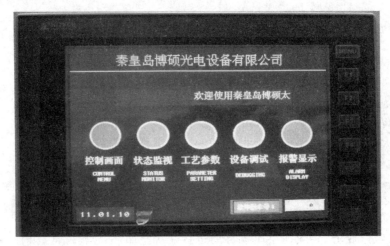

图 7-5　全自动层压机菜单界面

2.操作步骤二:层压操作

(1)打开真空阀门,调节空气压力到 0.1MPa,用空气调节器调节空压。

(2)旋转主电源开关至开位置,检查电源灯(PLI)(POWER lamp)是否亮起;然后转动主电源开关钥匙至开位置,检查电源灯(PL2)(POWER lamp)是否亮起。POD屏是否打开。

(3)从 POD 屏中的"组件选择"(MODULE SELECT)界面选择"组件编号"(MODU LEMO)。

(4)单击"选择模式"(SELECT MODE)界面回到"主菜单"(main menu);按"准备"(READY)键使机器准备运行条件启动,并按住 2 个"启动"(START)键直到操作准备完成。在 POD 的"选择模式"(SELECT MODE)里检查操作准备灯(READY LAMP)是否亮起。

(5)按"加热器启动"(HEATER)(PBLZ)检查该灯是否亮起。

(6)按下"真空泵启动"按钮(VACUNM PUMP)(PBL1)检查该灯是否亮起。

(7)检查加热盘温度是否达到预测温度。

(8)在 POD 屏上的"选择模式"(SELECT MODE)选择"自动操作"(AUTO OPERATION)。

(9)在 POD 屏上的"选择模式"(SELECT MODE)中选择"开始运行"(RUM ON)。

(10)将待压组件平放在加热板上;层压温度设为 140℃,抽真空时间定为 8min,层压时间为 3min。

(11)用两个大拇指分别同时按下两个"起动"(START)键,直到上仓完全关闭。

(12)检查上仓完全关闭后,抽真空系统工序正在运行。观察抽空时间(VACUUM TIME)运行指示器。

(13)系统启动自动操作,自动操作程序完成时,上仓自动打开。

（14）揭开特伏龙层压衬垫，然后从层压机中取出层压后的组件。

（15）每次层压完毕必须迅速将组件取出，待冷却后用美工刀修边。

3.操作步骤三：作业中检查

（1）上室或下室处于真空状态时，检查真空表是否达到99.0kPa以上，充气状态时真空表是否接近0。

（2）出现异常情况时，检查报警原因，通过紧急开盖处理故障。

4.操作步骤四：关机

（1）按下"真空泵关闭"（VACUUM PUMP OFF）键关闭真空泵检查指示灯是否已关闭。检查指示灯是否已熄灭。

（2）按下"加热器关闭"（HEATER OFF）键关闭加热器。检查指示灯是否已灭。

（3）在POD屏里的"选择模式"（SELECT MODE）中，选择"运行"（RUN OFF）。

（4）等候30分钟后，同时持续按下2个"启动"（START）键不放，合上上仓盖，留下15°缝隙为止，关掉"主电源"（MAIN POWER）开关，检查"主电源指示灯"（MAIN POWER LAMP）是否已灭。

（5）关掉"总电源"（MAIN BREAKER）。

5.操作步骤五：检查

（1）检查组件是否有气泡。

（2）检查组件表面有无异物、裂片、缺角。

（3）检查组件串间距离是否均匀一致；检查片间距是否均匀一致。

（4）检查互连条汇流条是否弯曲，表面是否有锡渣、焊疤。

（5）检查TPT上是否有EVA及杂质，如有可用酒精清除。

（6）检查合格后流入下道工序。

六、注意事项

进行操作运行和维护保养工作之前，确保做好充足准备。

（1）严禁与机器无关的人员靠近机器。

（2）在运行时严禁将头、手或身体的任何部分伸入危险区。

（3）维修保养前确保关闭机器。

（4）操作时，切记戴上隔热手套；层压机内部温度很高，在拿取组件时要戴好隔热手套避免被烫伤。

（5）加热面积必须大于组件面积。

（6）保持层压机内干净。

（7）层压前组件放置在层压机内的时间应尽量短，30秒左右为宜。

（8）真空泵停止后，最少等3小时再检查。

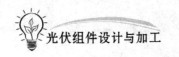
(9)修边时用的美工刀非常锋利,要小心使用避免划伤身体,避免划伤 TPT 表面。

(10)组件要轻轻放入层压机,保证放入后组件的芯片 TPT、EVA 不能移位。

数据记录

利用计算机软件(或屏幕截图),对相关数据进行打印,并保存文件,以便分析和总结。填写表 7-3 所示的层压工艺项目实训评价表。

表 7-3 层压工艺项目实训评价表

项目	指标	分值	评价方式			评价标准
			自测(评)	互测(评)	师测(评)	
任务完成情况		10				
		10				
		10				
		10				
技能技巧		10				
		10				
		10				
职业素养	实训态度和纪律	10				(1)按照 6S 管理要求规范摆放
	安全文明生产	10	—	—		(2)按照 6S 管理要求保持现场
	工量具定置管理	10	—	—		
合计分值						
综合得分						
教师指导评价	专业教师签字:_____ _____年_____月_____日 实训指导教师签字:_____ _____年_____月_____日					
自我评价小结	实训人员签字:_____ _____年_____月_____日					

阅读材料

YG-Y-Z 型全自动层压机(触摸屏数字化控制)

一、产品结构

(1)60mm 厚板中孔板面,双面铣磨加工。触摸屏可转向结构。技术领先,外观大方,结构紧凑,操作方便。

（2）主体结构：层压机由上料台、层压台、出料台、加热系统、控制系统等组成，可实现全自动入料、层压、出料和手动实现人工入料、层压、出料作业功能。

（3）上法兰结构：随机附带上法兰固定连块，可以方便地将上法兰固定在相应的安装位置，使胶板更换更加方便。

（4）密封胶圈上置，延长使用寿命。

（5）四油缸平衡升降结构，使得上室开合动作更加平稳，安全。

（6）胶版防褶皱结构，延长胶版使用寿命。

（7）采用液压升降结构，无污染、无泄露，清洁卫生；开合平稳，无噪音。

（8）层压机专用真空阀设计，工作可靠、寿命长，维护简便，保证设备的高真空度。

（9）链条传动结构，传动平稳，走位精确，噪声低。

（10）配有高温布防止 EVA 污染硅胶板。

（11）采用精加工厚钢板做加热平台的结构，在此平台下部进行全封闭的油路循环系统，保证了组件封装的温度均匀性、可控性的要求。

YG-Y-Z 型全自动层压机外形如图 7-6 所示。

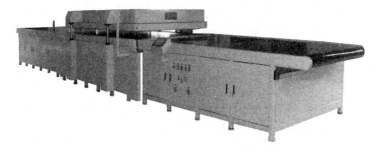

图 7-6 YG-Y-Z 型全自动层压机外形

二、主要技术指标

（1）操作控制方式：手动/全自动（手动方式工作时能实现人工入料，人工层压作业、人工出料作业功能。自动方式工作能实现自动入料、自动层压作业、自动出料作业）。

（2）加热方式：油热方式即热板采用循环导热油加热，分底功和调功双套加热功能。

（3）温控方式：比例微积分，智能温度控制。

（4）有效工作面积（加热板尺寸）：3 600mm×2 200mm。

（5）工作区温度均匀性：≤±1.5℃。

（6）温控精度：≤±1℃。

（7）温控范围：30～180℃；使用温度范围：室温－180℃。

（8）抽气速率：70L/s，在密封良好的状态下，下腔室真空度在 2 分钟内达到 200～20Pa。

（9）层压时间：2～4 分钟（不含固化时间）。

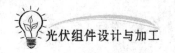
(10)作业真空度:200～20Pa。

(11)抽空时间:4～6分钟。

(12)开盖高度:50cm。

(13)环境温度0～50℃,相对湿度<90%,海拔高度<2 000m。

(14)上、下腔室分别用两台压力变送器(负压显示)进行压力检测;层压机在层压过程中需满足以下两个条件方可进行层压:①上腔室的真空度在小于30秒的时间内满足压力变送器的设定值a(比如可以设定为－95kPa～－100kPa);若出现上腔室真空度在小于30秒的时间内达不到设定值a,机器应立即进行相应的报警。②下腔室真空度在30秒内达到设定值A(比如可以设定为－95kPa～－100kPa),并且机器运行满足工艺设定的抽真空时间后才可以进行层压;若出现下腔室真空度在30秒内达不到设定值A,机器应立即进行相应的报警。以上内容的设置主要是防止层压机关盖后机器不运行或者腔室漏气引起的抽真空不良等现象。一旦发生该不良现象,机器将在最短的时间内提醒现场员工。

(15)层压机在下腔室充大气及开盖时需满足以下两个条件:①上腔室真空度从上腔室抽气开始的30秒内要达到压力变送器的设定值a;若达不到则进行相应的报警。理论上可以判定层压皮是否破损。②下腔室真空度小于设定值B(比如可以设定为－5kPa～－10kPa)

(16)满足计算机内部已经设置好的充气时间才可以开盖(若充气时间到达设定值,但下腔室真空度仍然没有小于设定值B,此时机器要报警——层压皮破损或充气阀堵塞、损坏等异常均会引起该现象)。主要是为了确保下腔室充气到常压状态,上盖正常开启。

(17)其他:外形尺寸:13 500mm×2 900mm×1 360mm。

电源:AC380V三相四线。

层压面积:3 600mm×2 200mm。

设备重量:18T需要的冷却水路流量2L/min。

设备总功率:65kW。

三、产品安全特色及保证

(1)设置液压安全锁,设备意外掉电或开盖到位时,上盖将自动锁止于现行位置,不会坠落,确保操作人员的安全。

(2)设置紧急按钮开关,出现意外情况时按下,层压机切断总电源,上盖将保持原位不动,保证解除意外情况和进行处理。

(3)报警系统:设置超温报警、缺油报警、上真空报警、下真空报警,低温报警,开盖负压报警,工作障碍报警等报警装置,以确保工作状态的准确与正常安全可靠,提高成品率。

(4)设有紧急开盖装置,在意外掉电时可打开层压机上盖,取出组件,进行再处理。解决了组件长期因意外掉电而无法及时进行处理而废掉的无奈困境。

(5)生产过程中出现紧急情况,选择触摸屏上操作方式钮后,可顺利转到手动方式开启层压机上盖,取出其中的组件。

(6)设备控制电路完全采用低压控制,便于维修人员带电维修,并提高安全系数。

(7)设备周围采用安全光栅及检测组件的光电开关,提高了员工的安全性和减少了设备的故障率。

(8)开盖到位后,液压管路自动锁闭,防止上盖回落。

四、产品特色

(1)智能化温度控制系统,使得温度更加均匀,更加易于对温度的设定与控制。

(2)层压压力可调,且可以根据工艺调压,使得组件的质量更加优良。

(3)可连续24小时高温工作。

(4)先进的触摸屏操作平台,使得操作更加直观、易懂。反应更加迅速,性能更加稳定,故障率进一步降低。

(5)采用完全人性化的系统操作流程,整台设备配备有多处检测开关,在正常的生产工作中,操作人员仅需将组件放入加热平台上,按动合盖开关即可,此设备将自动进行层压、固化,自动开盖,等待操作员进行下一工序的处理。

(6)三级联动结构紧凑,输入、输出采用带式结构,保证了待压组件的平稳性要求。

五、其他说明

(1)可进行一次性层压、固化,也可进行二次层压、固化。设备生产组件兼容性能强。

(2)适用于普通工业环境和实验室环境。可全天候24小时连续作业。

(3)应用环境:适用于普通工业环境和实验室环境;海拔高度小于2 000米。

半自动层压机典型机号各种信息如表7-4、表7-5所示。

表7-4 半自动层压机典型机号列表1

参数型号	层压面积/m²	外形尺寸/m	设备重量/t	功率/kW	年产能/MW
BSL1122OB(OC)	1.1m×2.2m	2.48×1.57×1.2	2.6	工作功耗15	2.4~4.0
BSL1822OB(OC)	1.8m×2.2m	2.48×2.3×1.29	4	工作功耗15	4.8~5.0
BSL2222OB(OC)	2.2m×2.2m	2.48×2.7×1.29	5	工作功耗20	4.8~7.9
BSL2224OB(OC)	2.2m×2.4m	2.68×2.7×1.27	5.8	工作功耗20	4.8~7.9

表7-5 半自动层压机典型机号列表2

机器编号	基本设定温度/℃	起压温度/℃	真空时间/min	充气时间/s	层压时间/min	机内冷却时间/min	机外冷却时间/min
CY-1(奥瑞特)	150	130	6	20	22	5	5
CY-2(博硕)	154	115	7	50	21	5	5

第八章 固化、装框、安装与清洗

任务一 光伏组件的固化

任务目标

通过烘箱进行二次固化，以确保组件具有良好的交联度和剥离强度。

一、理论阅读

从层压机取出的太阳电池，未固化时 EVA 容易与 TPT、玻璃脱层，应进入烘箱（见图 8-1）固化。烘箱固化根据 EVA 种类不同分两种方式：

（1）快速固化型 EVA：设置烘箱温度 135℃，待升到设置温度后，将层压好的电池放入固化 15 分钟。

（2）常规固化型 EVA：设置烘箱温度 145℃，待升到设置温度后，将层压好的电池放入固化 30 分钟。

另外，也可以在层压机内直接固化：

图 8-1 烘箱

（1）快速固化型 EVA：层压机设置 100～120℃，放入电池板，抽气 3～5 分钟，加压 4～10 分钟（层压的太阳电池板较小时，时间可以稍短些），同时升温到 135℃，恒温固化 15 分钟，层压机下充气上抽空 30 秒，开盖取出电池冷却即可。

（2）常规固化型 EVA：层压机设置 100～120℃，放入电池板，抽气 3～5 分钟，加压 4～10 分钟（层压的太阳电池板较小时，时间可以稍短些），同时升温到 145～150℃，恒温固化 30 分钟，层压机下充气上抽空 30 秒，开盖取出电池冷却。

（3）层压机设置 135～140℃，放入电池板，抽气 3～5 分钟，加压 4～10 分钟，恒温135～140℃，固化 15 分钟，再取出冷却即可。

目前，工厂大部分采用在烘箱中快速固化 EVA。这种固化方法效果好，速度快，可以节约层压机的使用时间。在太阳电池组件制造过程中，厂家经常需要测定 EVA的凝胶含量来分析 EVA 的固化程度，以达到控制封装质量的目的。EVA 凝胶含量达到 65% 以上，可以认为固化基本完成，达到了组件的要求。烘箱的工作原理：它通过数显仪表与温感器的连接来控制温度，采用热风循环送风方式，热风循环系统分为水平式和垂直式。风源是由送风马达运转带动风轮经由电热器,将热风送至风道后进入烘箱工作室,且将使用后的空气吸入风道成为风源再度循环加热运用,它有效提高温度均匀性。

烘箱以额定温度区分,一般可分为:低温烘箱:100℃以下,一般用于电气产品老化,普通料件的缓速干燥,部分食品原料、塑料等产品的干燥用。常温烘箱:100～250℃,这是最常见的使用温度,用于大多数料件的水分干燥、涂层固化、加温、加热、保温等。高温烘箱:250～400℃,高温干燥特种材料、工件加温安装、材料高温试验、化工原料的反应处理等。超高温烘箱:400～600℃,更高的工作温度,高温干燥特种材料、工件加温热处理、材料高温试验等。

烘箱送风方式分为水平送风和垂直送风。水平送风:适用于需放置在托盘中烘烤的物件;水平送风的热风是由工作室两边吹出的,烘烤效果很好。相反,放置在托盘中烘烤的物件用垂直送风是很不适宜的,垂直送风热风是由上而下吹出,它会把热风挡住,从而热风穿透不到下面几层,相应烘烤效果很差。垂直送风:适用于烘烤放置在网架上的物件,垂直送风热风是由上而下吹出,由于是网架,上下流通性很好,使得热风可完全吹到物件上。

二、工艺要求

(1)要求烘箱的温度均匀性应达到±1℃。

(2)固化温度为150℃。时间为25分钟。

三、物料清单

固化好的电池组件。

四、工具清单

烘箱、工具台、预装台、平锉刀、橡皮锤。

五、工作准备

(1)穿好工作衣、工作鞋,戴好工作帽和手套。

(2)清洁工作台面,清理工作区域地面,做好工艺卫生,工具摆放整齐有序。

六、操作步骤

1. 操作步骤一:对上道工序来料进行检验

(1)对组件进行检验,组件内无垃圾,芯片无碎片、裂纹、并片。

(2)组件内0.5～1mm²气泡不超过3个,1～1.5mm²气泡不超过1个。

(3)检查TPT和EVA是否覆盖住钢化玻璃,TPT和钢化玻璃表面有无划伤。

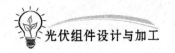

2.操作步骤二:固化操作过程

(1)打开电源,设定工作温度。

(2)根据 EVA 性质设定不同的固化时间。

(3)启动烘箱加热开关。

(4)烘箱内温度达到设定后方可将层压好的组件放入烘箱中进行固化。

(5)固化完成后关闭加热系统打开固化箱门,取出组件,即刻关闭固化箱门,以保证固化箱内的温度。

3.操作步骤三:对固化后组件自检

(1)检查是否有碎片,有则立即返修。

(2)固化后组件内不能出现新的气泡。

(3)检查组件边缘是否有气泡,边缘气泡应及时用工具把气泡沿边缘方向向外挤出。

4.操作步骤四:做好记录

对符合要求的组件在随工单上做好记录,流入下道工序;不符合要求的立即返修,并在随工单上做好相应的记录。

七、注意事项

(1)固化箱内温度很高,拿取组件时一定要戴好隔热手套,避免被烫伤。

(2)组件放入固化时不能靠着四壁。应轻拿轻放,以免碰坏组件。

(3)除技术人员或工艺人员、固化箱负责人外,其他人员严禁更改固化箱运行参数。

(4)固化操作人员在请示固化负责人并获得批准后可以在允许范围内修改。

数据记录

填写表 8-1 所示的固化操作记录表。

表 8-1 固化操作记录表

组件序号	烘箱设定温度	设定时间	组件二次固化结论	备注
1				
2				
3				
4				
存在的问题及改进建议:				
			操作员签字:	
			指导教师签字:	

任务二　光伏组件装框

任务目标

将固化好的电池组件进行装框操作。

一、理论阅读

1.全自动装框机

全自动装框机(见图 8-2)是太阳光伏组件加工的专用设备,主要用于角码铆接式铝合金矩形装框,它适用于多种型材,包括有螺钉与无螺钉铝合金边框的组框。它由气缸、直线导轨及钢结构机架组成,可以实现组件层压完毕后,组件的铝合金边框固定,从而简化作业难度,节约时间,提高产品的质量。组框外形尺寸在设定的范围内通过锁紧齿条定位,任意调整尺寸,并通过了调气缸进行精度微调,满足用于不组框尺寸的要求。常用全自动装框机的技术参数为:

电源:220V　　气压:0.6~0.8MPa

最大组框尺寸:1 150mm×2 100mm×50mm

最小组框尺寸:350mm×600mm×35mm

图 8-2　全自动装框机

2.手动胶枪的使用

手动胶枪是一种挤压硅胶或玻璃胶的辅助工具。使用方法:先用大拇指压住后端扣环,往后拉带弯勾的钢丝,尽量拉到位,先放硅胶头部(带嘴那头),使前面露出胶嘴部分,再将整支胶塞进去,放松大拇指部分,再挤压就可完成任务。

3.手锤的使用

手锤是用来敲击的工具,有金属手锤和非金属手锤两种。常用金属手锤有钢锤

和铜锤两种；常用非金属手锤有塑胶锤、橡胶锤、木锤等。手锤的规格是以锤头的重量来表示的，如 0.5 磅、1 磅等。本文中对手锤的要求未提及。

手锤使用注意事项如下：

（1）精制工件表面或硬化处理后的工件表面，应使用软面锤，以避免损伤工件表面。

（2）手锤使用前应仔细检查锤头与锤柄是否紧密连接，以免使用时锤头与锤柄脱离，造成意外事故。

（3）手锤锤头边缘若有毛边，应先磨除，以免破裂时造成工件及人员伤害。使用手锤时应配合工作性质，合理选择手锤的材质、规格和形状。

二、工艺要求

（1）玻璃与铝合金交接处、接线盒底部的硅胶均匀溢出，无可视缝隙。

（2）凹槽硅胶量占凹槽总容积的 50%，硅胶与凹槽两内壁都要接触（见图 8-3）。

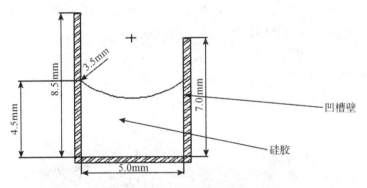

图 8-3　凹槽内硅胶接触凹槽壁示意图

（3）备装框的铝合金边框一次打胶最多不超过 15 副，必须及时装框，不得久置而出现硅胶表面固化现象。停止装框时不能剩有未用的已打胶边框。

（4）短边框不多于 5 件为一组整齐堆放，长边框以不多于 10 件为一组整齐叠放。

（5）待装框组件叠放不超过 20 块。

（6）装框后的组件两个对角线长度相差的绝对值小于 4mm。

（7）背面补胶不多于 50ml/块，接线盒粘接用胶约 22ml/块。

（8）铝合金边框角缝隙不超过 0.3mm，正面高低不超过 0.5mm。

（9）接线盒位置居中（见图 8-4）。

（10）整个装框过程中不得损坏铝合金边框的钝化膜。

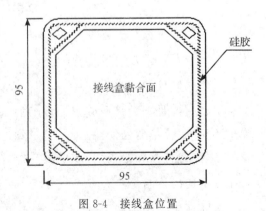

图 8-4　接线盒位置

(11)装框后的组件交错堆放整齐,保持通风,20块组件为一组堆放(见图8-5)。

图8-5　装框后组件堆放示意图(堆放在垫有瓦楞纸的木托盘上)

(12)硅胶一次打开不超过3筒/人(包括正在使用的),并要及时用完,筒口硅胶若有结皮,去掉结皮然后再用,在结束操作离开时不能剩有打开未用的硅胶筒。硅胶空筒和未用的硅胶筒要注意严格区分。

(13)外框安装平整、挺直、无划伤。

(14)组件内电池片与边框间距相等。

(15)铝边框与硅胶结合出无可视缝隙;组件与框架连接处必须有硅胶密封。

(16)接线盒内引线根部必须用硅胶密封、接线盒无破裂、隐裂、配件齐全、线盒底部硅胶厚度1.5mm,接线盒位置准确,与四边平行。

三、物料清单

固化好的电池组件、铝合金边框、自攻螺丝、硅胶1527、硅胶、酒精、擦胶纸。

四、工具清单

气动胶枪(见图8-6)、橡胶锤、自动装框机、剪刀、镊子、抹布、小一字起、卷尺、角尺、工具台、预装台、平锉刀、橡皮锤等。

五、工作准备

(1)穿好工作衣、工作鞋,戴好工作帽和手套。

图8-6　气动胶枪

(2)清洁工作台面,清理工作区域地面,做好工艺卫生,工具摆放整齐有序。

六、操作步骤

1.操作步骤一:对上道工序来料检验

(1)组件无芯片碎裂、并片,组件内0.5～1mm² 气泡不超过3个,1～1.5mm² 气

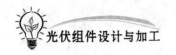

泡不超过 1 个,玻璃无爆口。

(2)铝合金切割面与长度方向保持垂直,切割面不粗糙、无毛刺。

(3)三角料安装孔无损伤,安装孔位准确。扁料平整,安装孔位准确。

(4)铝型材无损伤和弯曲,表面氧化层无划痕以及无污物。

2.操作步骤二:装框

(1)对铝合金边框进行首批检验,不合格的铝合金边框统一整齐放置在铝合金存放架的最下层,并标明不合格的原因。

(2)检查凹槽内有无异物,在合格、洁净的铝合金的凹槽内用气压枪均匀地打上适量的硅胶。硅胶筒喷嘴使用前在适当位置切一个和喷嘴约 45°角的斜口(见图 8-7)。打硅胶时使斜口对准凹槽,右手紧握住气压枪柄,并向右倾斜约 45 度,打胶速度均匀;

(3)装框前对组件进行外观检查,如有修边不彻底,用刀修掉,把合格的组件背板向上轻轻地放在装框机上。

(4)去掉固定汇流带的胶带,并向前撸直,先装长边,把一打好胶的长边凹槽对着组件倾斜约 30°角,紧靠装框机的侧面靠山上,用另一长边凹槽对准组件轻推,使组件装入凹槽,再压短边,将短边角件插入长边,注意角件必须到位后方可操作换向阀按钮压短边,压到位 2～3 秒后松开按钮。取下组件,检查是否到位。

(5)两人将装框好的组件抬至补胶工作台,不得倾斜且注意方向正确。

(6)观察背板和铝合金交接处,在交接处补上适量硅胶,补胶均匀平滑,无漏补,补胶时在背板和铝合金交接处气压枪筒与背板成约 45°角,与交接线成 45°角(见图 8-7),斜口向喷嘴运动方向,注意保持背板的清洁。

(7)检查接线盒是否有缺陷,正负极是否与组件匹配,二极管极性正确与否,是否松动;在引

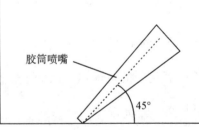

图 8-7　胶筒喷嘴 45°角斜截面示意图

出线的根部和接线盒的背面轮廓上均匀地打上适量的硅胶,把接线盒黏连在组件背板规定的居中位置,并把汇流带插进接线盒;汇流带引入接线盒要平直整齐、无松动。

(8)木托盘上垫上瓦楞纸,把组件存放到木托盘上,每个木托盘存放 20 块组件,并在最上边的一块组件短边框上标明装框时间,用液压车推至规定位置,组件摆放整齐有序。

七、注意事项

(1)轻拿轻放,抬未装框组件时注意不要碰到组件的四角,注意手要保持清洁。

(2)按工艺要求顺序安装边框,保证胶的溢出均匀一致。

(3)组件堆放要保证边沿与四角对齐,且四角要放置纸片。最多堆放数量为 30 块。

（4）组件堆放过程不能磨损边框，及时清理溢出的硅胶。

（5）每堆组件以最后一块组件为标准，温室固化时间大于 8 小时并设时间标志牌。

（6）将已装入铝框内的组件从周转台抬到装框机上时应扶住四角，防止组件从框内滑落。

（7）小心操作，以免用力过大损坏组件。边框要平直，不能弯曲。

（8）用电动或气动螺丝刀拧时不能拧得太紧，以免把螺钉帽拧出毛刺，再用手动螺丝刀拧紧。

（9）装接线盒时引线根部和接线盒与 TPT 之间必须用硅胶完全密封。

（10）若装框不到位，则用橡皮榔头修正铝合金的交接处，使其符合要求；修正前必须检查橡皮榔头是否牢靠。

（11）硅胶打到规定以外的地方必须及时清洁。

（12）建议以 10 根短边、10 根长边的次序循环进行凹槽打胶。

（13）从组件背板挑起汇流带时，先去掉固定汇流带的胶带，不得损坏汇流带和 TPT。

（14）铝合金边框在打胶工作台上不得悬空，和工作台边沿保持一定的距离。

数据记录

填写表 8-2 所示的组件装框操作记录表。

表 8-2　组件装框操作记录表

组件序号	装框工艺精度	打胶工艺精度	用时长度(s)	备注
1				
2				
3				
存在的问题及改进建议：				
			操作员签字：	
			指导教师签字：	

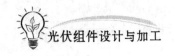

阅读材料

组件装框的铝制边框的材料

铝合金边框用来保护光伏组件玻璃边缘,铝合金结合硅胶打边加强了组件的密封性能,大大提高了组件整体的机械强度,便于组件的安装运输。

1. 铝型材的牌号和成分

光伏组件用金属边框通常采用铝合金材料,为达到光伏组件要求的机械强度及其他要求,参照 GB/T3190—1996《变形铝及铝合金化学成分》中规定的国家标准,通常采用国际通用牌号为 6063T6 铝合金材料。6063T6 铝合金材料以铝为主要构成元素,其他成分还有硅(Si)占 0.6%、铁(Fe)占 0.35%、镁(Mg)占 0.9%、铬锌钛各占 0.1%等。

2. 铝型材的表面处理

光伏组件要保证长达 25 年的使用寿命,铝合金表面必须经过钝化处理——阳极氧化,表面氧化层厚度大于 $10\mu m$,也就是先喷沙后氧化。用于封装的边框应无变形,表面无划伤。目前组件厂家铝边框的平均氧化层处理厚度在 $25\mu m$。阳极氧化:也即金属或合金的电化学氧化,是将金属或合金的制件作为阳极,采用电解的方法使其表面形成氧化物薄膜。例如铝阳极氧化,将铝及其合金置于相应电解液(如硫酸、铬酸、草酸等)中作为阳极,在特定条件和外加电流作用下,进行电解。阳极的铝或其合金氧化,表面上形成氧化铝薄层,其厚度为 $5\sim20\mu m$,硬质阳极氧化膜可达 $60\sim200\mu m$。阳极氧化后的铝或其合金,提高了其硬度和耐磨性,可达 $250\sim500kg/mm^2$,良好的耐热性,硬质阳极氧化膜熔点高达 2 320K,优良的绝缘性,耐击穿电压高达 2 000V,增强了抗腐蚀性能。

3. 光伏组件用铝型材的质量要求

(1)氧化膜厚度的质量要求,按 GB/T14952.3—94 标准执行。

(2)划痕数量的质量要求:目视全表面检测,整根 0~0.5cm 划痕不得超过 2 个,0.5~1cm 划痕的数量不超过 1 个,不允许出现大于 1cm 的划痕。

(3)颜色和色差方面的要求,按 GB/T14952.3 执行。耐蚀、耐磨和耐候性方面的要求,按 GB/T5237.2—2000 规定执行。光伏组件对耐蚀、耐磨、耐候性要求较高。

(4)铝合金材料包装、运输、储存型材不涂油,其包装、运输、储存参照 GB/T3199执行,要求外包塑料薄膜运输。

任务三　接线盒安装

任务目标

给已测好的电池组件装上接线盒,以便电气连接。

一、理论阅读

1．有机硅橡胶密封剂(简称硅胶)

用于粘接、密封耐紫外线绝缘玻璃和太阳能电池板。有机硅橡胶密封剂应贮存在干燥、通风、阴凉的仓库内。光伏组件加工用有机硅橡胶密封剂的质量要求如下:

(1)外观标准。在明亮环境下,将产品挤成细条状进行目测,产品应为细腻、均匀膏状物或黏稠液体,无结块、凝胶、气泡。各批之间颜色不应有明显差异。

(2)挤出性(压流黏度)。在标准试验条件(温度(23±2)℃,相对湿度50±5％)下放置4小时以上,然后用孔径为3.00mm的胶嘴在已调到0.3MPa的气源压力下进行测定,记录挤出20g产品所用的时间(s)。取3次实验数据的平均值作为试验结果,结果应≥7s/20g。

(3)指干时间。将产品用胶枪在实验板上成细条状,立即开始计时,直至用手指轻触胶条出现不沾手指时,记录从挤出到不沾手所用的时间,要求所用时间在10分钟和30分钟之间。

(4)拉伸强度及伸长率。拉伸强度≥1.6MPa,伸长率≥300％。

(5)剪切强度的指标要求:剪切强度≥1.3MPa。

2．双组分有机硅导热灌封胶

双组分有机硅导热灌封胶广泛应用于对防水导热有要求的电子产品中。双组分有机硅导热灌封胶是一种导热绝缘材料,要求固化时不放热、无腐蚀、收缩率小,适用于电子元器件的各种导热密封、浇注,形成导热绝缘体系。它的特点是室温固化,加热可快速固化,易于使用;在很宽的温度范围内(−60～250℃)保持橡胶弹性,电性能优异,介电常数与介电损耗非常小,导热性较好;防水防潮,耐化学介质,耐气候老化25年以上;能与大部分塑料、橡胶、尼龙及聚苯醚PPO等材料黏附性良好;符合欧盟RoHS环保指令要求。

双组分有机硅导热灌封胶产品属非危险品,但勿入口和眼,混合好的胶料应一次用完,避免造成浪费。可按一般化学品运输,胶料应密封贮存。

光伏组件加工用双组分有机硅导热灌封胶的质量要求如下:

(1)固化前外观检查。检查外观,应为白色流体;A、B组黏度适宜;A组5 000～15 000cps,B组黏度50～100cps。

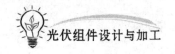
(2)操作性能。混合后黏度(cps),可操作时间 20～60 分钟,初步固化时间 3～5 小时,完全固化时间不超过 24 小时。

(3)固化后指标:硬度 25～35(Shore A);导热系数≥0.3[w(m·k)];介电强度≥20kV/mm;介电常数(1.2MHz)3.0～3.3;体积电阻率≥1.0×1 016Ω·cm;线膨胀系数≤2.2×10⁻⁴。

二、工艺要求

(1)接线盒与 TPT 之间必须用硅胶密封。

(2)引线电极必须准确无误地焊在相应位置。

(3)引线焊接不能虚焊、假焊。

(4)引线穿入接线孔内必须到位,无松动现象。

三、物料清单

硅胶 1527、接线盒、硅橡胶(732 道康宁)、透明胶带、棉质抹布。

四、工具清单

气动胶枪、电烙铁、钢丝钳、镊子、剪刀、工作台、美工刀、注胶枪。

五、工作准备

(1)工作时必须穿工作衣、工作鞋,戴手套、工作帽。

(2)做好工艺卫生,用抹布擦拭工作台。

六、操作步骤

1.操作步骤一:安装接线盒

(1)将引出端的汇流带短接,对层压组件进行放电,用背面没有打胶的接线盒,比较引出端位置是否合适。

(2)接线盒边缘距组件边缘＞20mm,引出的汇流带能够完全位于接线盒的出线孔内,即引出端开口不能被接线盒压住。

(3)硅橡胶的开口直径为 5mm,以能保证打出的胶均匀、适中。

(4)将接线盒放于工作台上,背面朝上用注胶枪将硅橡胶均匀地打在接线盒的四周,并在接线盒的出线孔周围也均匀地打上一圈硅胶。

(5)将接线盒固定于组件背板上,汇流带引出端的正中间,位置端正并压紧。

(6)用金属镊子辅助,将汇流带接入接线孔时,一定要轻轻操作,避免接线盒发生位移,如汇流带过长,可剪掉多余汇流带,这样做不会因为汇流带过长而发生短路,也不会因为汇流带过短而需要补接汇流带。

（7）将汇流带都插入相应的接线孔后,用金属镊子试着拽动,检验插接已经接好的汇流带是否牢固,并调整裸露在外的汇流带位子,避免发生断路。

（8）接线盒安装完毕后要压紧并用透明胶带加以固定,避免接线盒发生移位。

（9）当接线盒安装完毕后,接线盒的引出线要固定在背板上。先要在距接线盒 15cm 处用胶带固定在背板中间,再将两根引出线的 PIN 头固定于组件背板。

（10）组件可用钢丝钳将引线头部夹成重叠状,后穿入接线盒接线孔。

（11）盖上盒盖。

接线盒安装的接线图如图 8-8 所示。

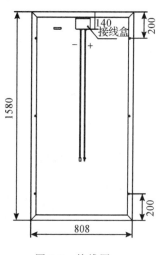

图 8-8 接线图

2.操作步骤二:检查

（1）检查接线盒是否安装到位,避免倾斜。

（2）接线盒与 TPT 连接处四周硅胶要溢出。

数据记录

填写如表 8-3 所示的接线盒安装操作记录表。

表 8-3 接线盒安装操作记录表

组件序号	密封硅胶	电极安装焊接	整体工艺	用时长度(s)
1				
2				
3				
存在的问题及改进建议:				
操作员签字:				
指导教师签字:				

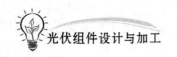

任务四　组件清洗

任务目标

组件进行清理、补胶,保持组件外观干净整洁。

一、理论阅读

无水乙醇又称为无水酒精,在光伏组件加工实训中,用于清洗焊点或电池片及其他部件上残留的焊剂、油污等。它是一种无色、透明、易挥发的液体,它易燃、易吸收水分,能与水及其他许多有机溶剂混合,它的密度为0.79。

二、工艺要求

(1)组件整体外观干净明亮。

(2)TPT完好无损、光滑平整、型材无划伤、玻璃无划伤。

(3)操作时必须用双手搬动组件。

(4)不得用美工刀清理TPT。

三、物料清单

待清洗的组件、无水酒精、硅胶。

四、工具清单

抹布、美工刀片、打胶枪、美工刀、无尘布、酒精、清洁球。

五、工作准备

(1)穿好工作衣、工作鞋,戴好工作帽和手套。

(2)清洁工作台面、清理工作区域地面,做好工艺卫生,工具摆放整齐有序。

(3)检查辅助工具是否齐全,有无损坏。

六、操作步骤

1.操作步骤一:来料检验

(1)硅胶完全凝固。

(2)组件内0.5～1mm² 气泡不超过3个,1～1.5mm² 气泡不超过1个,组件内无碎片、并片。

(3)组件背面TPT无损伤,铝合金边框无表面划伤以及清洗不掉的污渍。

(4)检查组件是否合格或有无异常情况(有异常及时向班组长汇报),用刀刮去组件正面残余硅胶,注意不要划伤型材。

2.操作步骤二:组件清洗

(1)双手搬动组件,轻放在工作台上,TPT朝上。

(2)用无尘布蘸上酒精擦拭TPT,检查是否有漏胶的地方。

(3)用刀片刮去组件正面黏留的EVA及多余的硅胶。

(4)用干净的布蘸工业酒精擦洗组件正面及铝合金边框。

(5)用塑料刮片或橡皮去除TPT上黏留的EVA和污物。

(6)用干净的布蘸酒精擦洗TPT表面。

(7)操作结束后进行自检,看组件是否洁净,TPT是否完好。

(8)清洗后符合要求的在随工单上做好记录流入下道工序。

(9)对清洗好的组件做最后检查,保证质量。

(10)清理工作台面,保证工作环境清洁有序。

3.操作步骤三:作业检查

检查是否有漏胶的地方,擦拭不干净的地方。

七、注意事项

(1)轻拿轻放。

(2)注意不要划伤铝型材、玻璃。

(3)注意不要划伤TPT。

(4)在使用刀片时应小心避免划伤自己。

(5)清理组件背面时严禁用硬物刮擦TPT,避免划伤TPT。

(6)移动和叠放组件时应轻拿轻放,不能互相碰撞,以免损坏组件。

 数据记录

填写表8-4所示的组件清洗记录表。

表8-4　组件清洗记录表

组件序号	组件整体外观 干净明亮程度	TPT完好无损、 光滑平整情况	型材无划伤、 玻璃无划伤检查	用时长度(s)
1				
2				
3				

(续表)

组件序号	组件整体外观干净明亮程度	TPT 完好无损、光滑平整情况	型材无划伤、玻璃无划伤检查	用时长度(s)
存在的问题及改进建议：				
			操作员签字：	
			指导教师签字：	

填写表 8-5 所示的固化、装框、安装与清洗项目实训评价表。

表 8-5　固化、装框、安装与清洗项目实训评价表

项目	指标	分值	评价方式			评价标准
			自测（评）	互测（评）	师测（评）	
任务完成情况		10				
		10				
		10				
		10				
技能技巧		10				
		10				
		10				
职业素养	实训态度和纪律	10				(1)按照 6S 管理要求规范摆放
	安全文明生产	10	—	—		(2)按照 6S 管理要求保持现场
	工量具定置管理	10	—	—		
合计分值						
综合得分						
教师指导评价	专业教师签字：_____　　_____年_____月_____日 实训指导教师签字：_____　　_____年_____月_____日					
自我评价小结	实训人员签字：_____　　_____年_____月_____日					

第九章 光伏组件的紫外老化检测

任务一 组件紫外老化检测标准

一、IEC 61215 标准背景及其两个版本之间的差别

标准背景：IEC61215是国际电工委员会的一个产品测试方法。目前太阳能行业已广泛采用这个标准，对材料或产品进行测试。

截至目前为止，IEC 61215共发行了两个版本，第一版是 IEC 61215：1993，第二版是 IEC 61215：2005。而国家标准 GB/T 9535—1998《地面用晶体硅光伏组件设计鉴定和定型》就是等效采用了第一版 IEC 61215：1993。

紫外老化试验箱 IEC 61215 第二版比第一版多了一个附录 A。而在紫外试验方面，主要的改动是 10.10 节的标题由"UV test（紫外试验）"改为"UV preconditioning test（紫外预处理试验）"。第一版在"紫外试验"这一部分，只说明了试验目的是"确定组件经受紫外（UV）辐照的能力"及"紫外试验正在考虑之中"，而第二版不仅把试验目的改为"在组件进行热循环/湿冻试验前进行紫外（UV）辐照预处理以确定相关材料及粘连连接的紫外衰减"，而且对试验装置、试验程序及试验要求进行了详细描述。

下面我们将重点介绍如何设置 QUV 紫外光加速老化试验机来满足 IEC 61215：2005 中 10.10 节"紫外预处理试验"的要求。

（一）材料耐候性老化测试原理

在介绍 IEC 61215：2005 中 10.10 节"紫外预处理试验"之前，我们先来简单了解材料耐候性老化测试原理。

1. 户外老化因素

老化损害主要由三个因素引起：光照、高温和潮湿。这三个因素中的任一个都会引起材料老化，它们的共同作用大于其中任一因素造成的危害。

2. 光照

高分子材料的化学键对太阳光中不同波段的光线的敏感性不同，一般对应一个阈值，太阳光的短波段紫外线是引起大部分聚合物物理性能老化的主要原因。

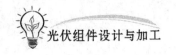

3. 高温

温度越高,化学反应速度越快。老化反应是一种光致化学反应,温度不影响光致化学反应中的光致反应速度,却影响后继的化学反应速度。因此温度对材料老化的影响往往是非线性的。

4. 潮湿

水会直接参与材料老化反应。露水、雨水及湿度是自然条件中水的几个主要表现形式。研究表明,户外材料每天都将长时间处于潮湿状态(平均每天长达 8~12 小时)。而露水是户外潮湿的主要原因。露水造成的危害比雨水更大,因为它附着在材料上的时间更长,形成更为严酷的潮湿侵蚀。

(二)紫外光加速老化测试

1. 阳光模拟

QUV 利用荧光紫外线灯来模拟太阳光对耐久性材料造成损害的威胁因素。这些灯在电学原理上与普通照明用的灯很相似,但它主要发射紫外线而非可见光或红外线。

对于不同的应用条件,需要不同光谱进而需要不同类型的灯。UVA-340 灯管在紫外线的短波段提供最佳的模拟太阳光。UVA-340 的光谱能量分布(SPD)在太阳光的截止点到大约 360nm 范围内与太阳光吻合的非常好。UV-B 灯管在 QUV 中也被广泛应用。它们比 UV-A 灯管引起材料更快的老化,但它们比太阳光的截止点更短的波长对许多材料可能产生不切实际的结果。

2. 辐照度控制

为了达到精确且可重复的测试结果,有必要控制辐照度(光强)。大多数 QUV 型号装备有日光眼照度控制器。这种精确的光控系统为使用者提供了选择辐照度控制的优势。利用日光眼的反馈循环系统,可以连续、自动地控制且精确地保持辐照度。日光眼靠调整灯的功率来自动补偿灯的老化以及其他因素造成的光强变化。在仅仅几天或几周内,QUV 能模拟在室外经几个月甚至几年所造成的损害。

3. UV 控制

在 QUV 内部,因荧光紫外线灯固有的光谱稳定性,发光控制系统被简化。随着灯管的老化,所有光源的输出都会发生衰减。然而,不像大多数其他类型的灯,荧光灯的光谱不会随时间而变。这提高了测试结果的可重复性,也是用 QUV 进行测试的一个主要的优点。

4. 温度控制

在 QUV 中,温度的控制也很重要,因为温度影响材料老化的速率。紫外试验箱一般是通过黑板温度计或黑标温度计来精确控制样品表面温度。

5.潮湿模拟

在 QUV 冷凝循环过程中,测试室底部的水槽被加热用来产生蒸气。在较高的温度下,热蒸气使测试室内保持 100％的相对湿度。QUV 中,测试样品实际上形成测试室的侧壁,样品的另一面暴露在室内周围的空气中。室内相对较冷的空气就使得测试样品的表面比测试室内的热蒸气的温度低好几度。这一温度差造成通过冷凝循环现象,在样品表面液态形式的水慢慢地凝结。

除了标准的冷凝机制,QUV 还用水喷淋系统来模拟其他一些损害情况,比如热冲击或机械腐蚀。使用者可操作 QUV 来产生潮湿循环并伴随紫外线,这一模拟与自然老化非常相似。

二、IEC 61215:2005 标准中紫外试验的解读

我们从光谱、辐照度、温度和湿度等方面来分析 IEC 61215:2005 标准对紫外试验测试条件的要求。

(一)光谱的定义

标准中 10.10.2 节 d)部分的描述为"紫外辐射光源,在组件试验平面上其辐照度均匀性为±15％,无可探测的小于 280nm 波长的辐射,能产生根据 10.10.3 规定的感兴趣光谱范围内需要的辐照度"。下面的图 9-1 和图 9-2 分别是 UVA-340 灯管和 UVB-313 灯管的光谱图,从图中可以看出,UVA-340 灯管发出的光谱完全符合标准中 10.10.2 节 d)部分,而 UVB-313 灯管发出的光谱只有少量谱线的波长小于 280nm,几乎符合标准中 10.10.2 节 d)部分。

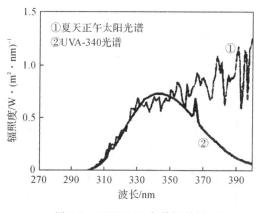

图 9-1 UVA-340 光谱与夏天
正午太阳光谱比较

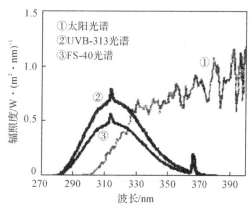

图 9-2 UVB-313 及 FS-40 光谱
与太阳光谱比较

(二)辐照度设定

标准中 10.10.3 节 a)部分的描述为"使用校准的辐射仪测量组件试验平面上的辐照度,确保波长在 280nm 到 385nm 的辐照度不超过 250W/m²(约等于 5 倍自然光

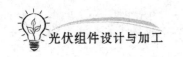

水平),且在整个测量平面上的辐照度均匀性到达±15％",同时 10.10.3 节 c)部分的描述为"使组件经受波长在 280nm 到 385nm 范围的紫外辐射为 15kWh/m²,其中波长为 280nm 到 320nm 的紫外辐射为 5kWh/m²,在试验过程中维持组件的温度在前面规定的范围。"

以下我们分别对 UVA-340 灯管和 UVB-313 灯管的辐照度进行设定,并计算在设定辐照度下,运行多长时间可以达到标准中 10.10.3 节 c)部分对辐照能的要求。

1. 单独使用 UVA 灯管

当在 340nm 设定辐照度 0.68W/m² 时,相当于在 280～385nm 波段的辐照度为 35.2W/m²(小于 250W/m²,符合标准 10.10.3 节 a)部分的要求),而在 280～320nm 波段的辐照度为 3.1W/m²。我们假设 UVA 灯管运行 X 小时,组件经受波长在 280nm 到 385nm 范围的紫外辐射为 15kWh/m²,而灯管运行 Y 小时,波长为 280nm 到 320nm 的紫外辐射为 5kWh/m²。具体计算如下:

$35.2W/m^2 \times X = 15\,000Wh/m^2$ 　　$X = 426$ 小时

$3.1W/m^2 \times Y = 5\,000Wh/m^2$ 　　　$Y = 1\,613$ 小时

由以上计算可知,当在 340nm 设定辐照度 0.68W/m² 时,因为波长从 280nm 到 320nm 上的辐照度较小,所以需要 1 613 小时,紫外辐射才能达到 5kWh/m²。也就是说,使用 UVA 灯管时,运行 1 613 小时才达到标准中 10.10.3 节 c)部分对辐照能的要求,比较费时。

2. 单独使用 UVB 灯管

当在 310nm 设定辐照度 0.68W/m² 时,相当于在 280～385nm 波段的辐照度为 31.3W/m²(小于 250W/m²,符合标准 10.10.3 节 a)部分的要求),而在 280～320nm 波段的辐照度为 18.8W/m²。我们假设 UVB 灯管运行 X 小时,组件经受波长在 280nm 到 385nm 范围的紫外辐射为 15kWh/m²,而灯管运行 Y 小时,波长为 280nm 到 320nm 的紫外辐射为 5kWh/m²。具体计算如下:

标准中 10.10.3 节 a)部分的描述为"使用校准的辐射仪测量组件试验平面上的辐照度,确保波长在 280nm 到 385nm 的辐照度不超过 250W/m²(约等于 5 倍自然光水平),且在整个测量平面上的辐照度均匀性到达±15％",同时 10.10.3 节 c)部分的描述为"使组件经受波长在 280nm 到 385nm 范围的紫外辐射为 15kWh/m²,其中波长为 280nm 到 320nm 的紫外辐射为 5kWh/m²,在试验过程中维持组件的温度在前面规定的范围"。

3. 共同使用 UVA 和 UVB 灯管

尽管使用 UVB 灯管可以缩短试验时间,但是 UVB 灯管发出的光谱还有极少一部分的波长小于 280nm,也就说不完全符合 IEC 61215:2005 标准对紫外光谱的要求。但是如果单独使用 UVA 灯管,则测试时间过长。所以可以将两种灯管结合起

来使用。如先使用 UVB 灯管,假设运行时间为 X 小时;再使用 UVA 灯管,假设运行时间为 Y 小时,具体计算如下:

$18.8\mathrm{W/m^2} \times X + 3.1\mathrm{W/m^2} \times Y = 5000\mathrm{Wh/m^2}$

$31.3\mathrm{W/m^2} \times X + 35.2\mathrm{W/m^2} \times Y = 15\,000\mathrm{Wh/m^2}$

以上两式,计算得 $X = 229$ 小时,$Y = 222$ 小时,即先运行 UVB 灯管 229 小时,再运行 UVB 灯管 222 小时,即可达到标准中 10.10.3 节 c)部分对辐照能的要求。两种灯管一共运行 451 小时,比单独使用 UVB 灯管还快。一般情况下,我们推荐使用这种方法。

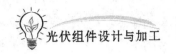

任务二　紫外老化检测机理

一、理论阅读

晶体硅组件在户外使用中,接受阳光曝晒,光老化是四项环境预处理试验之一。就其结构而言,玻璃层受光老化影响不大;硅电池本身不受影响,其 SiN 减反膜由于是气相层积而成,受 Vis-IR 影响明显,转换为热能破坏其稳定性,但对紫外线不敏感,因此晶体硅电池需要 AM1.5 光源进行预衰减;TPT 背膜不能直接影响光电转换层,都不是造成紫外试验功率的主因,主要原因在于 EVA 封装材料。EVA 受阳光中紫外线照射,由于其成分的变化造成透光率降低,导致了功率衰减。晶体硅电池层叠顺序如图 9-3 所示。

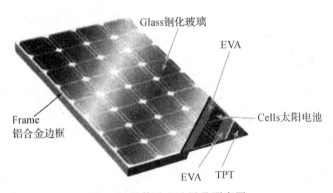

图 9-3　晶体硅电池层叠顺序图

晶体硅太阳能电池封装材料是 EVA,它是乙烯与醋酸乙烯脂的共聚物,化学式基本结构如下(不完全):

$$\cdots CH_2-O-C-O-(CH_2-CH_2)-(CH-CH_2)\cdots$$

EVA 添加剂配方及层压工艺的差异,造成了组件耐候性的差异。采用加有抗紫外剂、抗氧化剂和固化剂的厚度为 0.32mm 左右的 EVA 膜层作为太阳能电池的封装材料,使它和玻璃、TPT 之间密封黏结。用于封装硅太阳能电池组件的 EVA,主要根据透光性能和耐候性能进行选择。

组件黄变是由 EVA 引起的,EVA 变黄的主要原因是其过氧化物交联剂分解产生的自由基与抗氧剂反应生成苯醌,还有一方面的原因就是树脂自身降解生成共轭集团,产生的生色基团其现象就是黄变。通过选择合适的交联剂和抗氧剂和用量可改善这种现象。黄变仅是表面现象,由此反应造成的 C—O 键断裂形成不透明的多维 C—C 键才是组件功率衰减的主因。

EVA、TPT 材料在使用过程中经常出现黄变、起泡、裂纹、脱落等现象,严重影响组件的光电转化功率及外观。因此,需要了解高分子材料的光老化机理并寻找合适的人工加速光老化试验方法来客观地模拟自然使用条件,为光伏材料的研发及材料的应用提供快速的材料质量检测与评价方面的依据。目前常用的人工加速老化试验方法主要有荧光紫外灯、氙灯等。由于背板材料(复合膜)一般力求减少热的吸收,有效防止电池温度过度的升高而降低了组件或电池的转化率,而氙灯光源(280～3000nm)中的红外光谱易造成组件热能的吸收,会掩盖高分子材料主键断裂波长的光化学反应,故组件的耐候性能采用紫外试验。上海泊睿科学仪器有限公司研发的BR-PV-UVT 光伏材料紫外预处理试验机,专用于光伏材料的耐气候试验。

二、IEC 61215:2005 的解读

光伏组件通常被要求户外使用寿命 25 年以上,使用寿命被定义为最大输出功率不低于标准功率的 80%。

(1)使用 10 年:最大输出功率不低于标准功率的 90%。

(2)使用 20 年:最大输出功率不低于标准功率的 83%。

(3)使用 25 年:最大输出功率不低于标准功率的 80%。

紫外试验机的意义在于两方面:

(1)根据紫外试验推算出光伏组件的使用寿命:由于组件的最大输出功率衰减同使用年限近似线性比例关系,综合紫外、热循环、湿热、湿冻等多方面的自然环境对组件造成的老化,要求每个单项试验(预处理试验)结束后最大输出功率衰减不超过试验前测试值的 5%。

(2)光伏组件紫外试验不合格,可以追溯 EVA(PVB)等材料或生产工艺环节的问题。

EVA 经交联度测试,通常要求在 75%～85%。过高、过低都将造成不良后果。或是加剧黄变现象、剥离强度降低,或是弹性降低、硬度增加。

我们对此项试验的理解:

组件进行此项试验的最终目的在于考核 EVA 材料的抗紫外线性,由于 EVA 中含有抗紫外剂、抗氧化剂、固化剂,考核其添加剂比例的合理性,并通过耐黄变、交联度、熔融指数、热变形、透水性等试验综合评估。

EVA(乙烯-醋酸乙烯酯)分子中有两个不同键能的 $C-O$ 键,它们的紫外敏感波长(振动光谱)分别位于 UVB(311/321nm)及 UVA(376nm)波段,UVB 能加速 $C-O$ 的断裂,组合出的 $C-C$ 导致透光率衰减。

泊睿公司经过测算,按现行的 IEC 61215:2005 标准,若全部采用 280～385nm 的UVB 光源,达到 $15kWh \cdot m^{-2}$ 剂量所需约 450 小时,310nm 的半峰宽的辐照量,同户外 25 年 310nm(江苏地区该波长辐照量的累计,也可参考 IEC 60904-3)的辐照量,具有一定的模拟性,但仅针对高分子材料 $C-O$ 最具破坏力的 UVB-311nm。这也是ASTM G154 的原意。

高分子材料的耐候性取决于所受到的紫外辐射量(总的紫外线剂量),而不是太

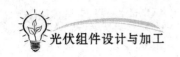

阳的总辐射,EVA分子式近似于塑料,有共同的基团。法国巴黎塑料研究中心和国际标准化组织推荐以未经稳定的纯聚乙烯薄膜为露光剂,受紫外辐照的聚乙烯,用红外光谱仪测定在 $1\,720cm^{-1}$ 处的羰基积累数量,在羰基生成量与聚乙烯辐照时间之间有一个近似的线性关系,可用试验箱加速试验来模拟户外多年的光老化。

紫外试验以此分子结构的变化对照户外曝晒引起的分子结构变化,按其比例关系可折算出组件在户外使用25年的光氧老化及热氧老化的结果。

根据 IEC 60904-3 或江苏地区气象资料推算,户外(AM 1.5级)20~25年紫外线辐照总量大于 $2\,000kWh \cdot m^{-2}$,而组件紫外预处理试验 $15kWh \cdot m^{-2}$ 剂量仅相当于实际气候条件下不到1%的紫外辐照剂量,因此不能直接模拟户外实际环境。最重要的指标是310nm处的紫外累积量,因此 IEC 61215 规定了 $280 \sim 320nm$ 辐照量 $\geqslant 5kWh \cdot m^{-2}$ 。

组件通常被要求户外使用寿命25年以上,使用寿命被定义为最大输出功率不低于标准功率的80%(折算到紫外影响因素上为5%)。这需要综合其他试验来验证。

特别说明:

(1)本试验不是预衰减。

(2)本仪器采用的是紫外荧光灯,同采用氙灯或金属卤素灯用于电池预衰减有着本质的区别。

(3)紫外预处理试验针对的是光伏材料 EVA、PVB、TPT、PVF,尤其是 EVA 高分子材料,吸收 UV 波段造成 C—O、C—C 键的断裂。

虽然紫外同预衰减试验结果判别都采用组件功率衰减,但试验目的完全不一样,应将 UV 同 VIS—IR 波段严格区分。

三、组件、EVA、TPT 紫外试验结果判别

紫外试验又称为预处理试验,是其他试验的条件(参考 IEC 61215 试验流程),因此不是试验结果的最终判别。组件、EVA、TPT 紫外试验结果判别如表9-1所示。

表 9-1　组件、EVA、TPT 紫外试验结果判别

紫外试验	关联试验及最终结果判别	对应检测仪器
组件	(1)外观目测 (2)最大功率测试 (3)绝缘电阻测试	(1)外观检测台 (2)模拟器及 I-V 测试仪 (3)绝缘电阻测试仪
EVA	(1)交联度测试 (2)黄变指数 (3)剥离强度试验 (4)透光率测试	(1)交联度测试系统 (2)分光光度计 (3)万能材料试验机 (4)雾度计或分光光度计
TPT	(1)低温弯折试验 (2)透水率测试 (3)拉力强度试验	(1)低温试验箱及弯折装置 (2)恒温恒湿箱及透水杯 (3)万能材料试验机

四、光老化机理

光伏材料在受日光照射时,会发生一系列反应,主要是光化学反应。根据光化学反应第一、第二定律,发生光化学反应的物质首先要吸收太阳光,即物质的分子或原子能够吸收光能,使分子或原子处于高能状态;其次一个分子或原子吸收的能量必须大于其键能,这样才能使物质发生降解,即老化。而高分子材料往往含有在聚合过程中残留的微量杂质(催化剂残留物或氧化产物),聚合物本身含有的一些不规整结构等自身化学结构的老化弱点,当这些高分子材料受太阳光照射后,材料的老化弱点首先被攻破,出现原子或分子键的切断、交联、链的移动、断裂及侧链的变化等现象的单独或同时发生。老化就是完全的解聚反应,使高分子的末端,从原子间键弱的部分断裂。老化后的高分子材料即出现表面黄变、粉化、起泡、裂纹、脱落等现象。高分子材料的波长敏感性是影响老化的一个重要因素,常见的光伏材料的敏感波长如表9-2所示。

表 9-2 常见的光伏材料的敏感波长

化学键	键能(KJ·mol^{-1})	波长(nm)
C=O	728	164
C=C	607	197
C—C 芳香烃化合物	519	231
C—H 乙炔	507	236
C—H 乙烯	444	270
C—H 芳香烃化合物	431	278
C—H 甲烷	427	280
O—H 醇	418	286
O—H 乙醇	418	286
C—H 乙烷	414	289
C—O 乙醇	385	311
C—O 甲醇	373	321
C—C 乙烷	352	340
C—C 丙烷	347	345
C—Cl 氯甲烷	352	340
C—Cl 氯乙烷	339	353
C—O 甲基醚	318	376
RO—OH 氢过氧化物	151	794
RO—OH 过氧化物	268	447

随着光伏产业的发展,光伏电站已经在全球范围内发电,源源不断地对外提供绿色清洁能源。光伏组件要持续发电 25 年,在设计之初,就要考虑环境对组件的影响,包括风雪的机械载荷、紫外线辐射、风沙冲击、酸雨等,从而选择最好的材料。

原材料的选择,通常是看它们在一系列测试之后的性能表现,好的原材料对组件成品的性能保障是必要的,因此,原材料的测试以及用于组件后的测试都非常重要,这里对光伏组件用背板紫外老化进行深入分析。

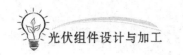

我们知道,紫外线具有较短的波长和较高的能量,对材料特别是高分子材料具有很强的破坏性,由于组件封装中广泛使用的背板和EVA都是高分子材料,这些材料在户外的老化通常是在紫外线、温度和湿度的共同作用下发生的,因此在选择封装材料时紫外老化测试是必不可少的一项测试。

五、IEC 61215紫外预处理实验

在IEC 61215中,对组件进行热循环/湿冻试验前需进行紫外辐照处理,以确定相关材料及黏连连接的紫外衰减,相应装置包括:紫外试验箱、温度传感器、紫外辐照仪等。

实验时,组件的温度范围控制在$60\pm5℃$,温度传感器安装在靠近组件中部的前或后表面,紫外辐射光源在组件试验平面上其辐照度均匀性为$\pm15\%$,波长范围为$280\sim320nm$和$320\sim385nm$,精度为$\pm15\%$。其中,组件经受波长在$280\sim385nm$范围的紫外辐射为$15kWh \cdot m^{-2}$,波长在$280\sim320nm$的紫外辐射为$5kWh \cdot m^{-2}$。

要求:紫外辐射后无严重外观缺陷,最大输出功率衰减不超过试验前测试值的5%,绝缘电阻应满足初始试验同样的要求。

六、EVA紫外老化失效模式

EVA处于玻璃和背板的保护中,老化主要来自紫外线照射,早期的EVA由于配方原因,长期户外使用会出现黄变,目前已基本解决。光伏组件在户外经过长期曝晒后,EVA会发生黄变、脱层等不良现象。需要注意的是,EVA在老化后对紫外线的阻隔能力下降,会引起背板的黄变及脱层,这是非常危险的。

不同厂家EVA紫外老化后在紫外光区透光率变化趋势也不同,如图9-4所示。

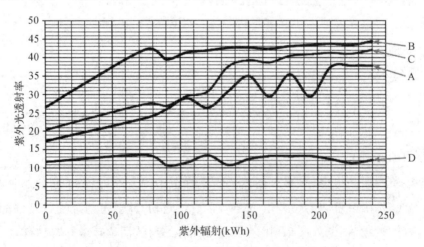

图9-4　EVA老化后在紫外光区域透光率变化趋势

任务三 组件紫外老化检测实验

任务目标

紫外试验箱用于太阳能光伏组件的测试,评估诸如聚合物和保护层等材料抗紫外辐照能力,能够快速真实地再现阳光、雨、露对材料的损害。只需要几天或几周时间,可以再现户外需要数月或数年才能产生的破坏。

一、设备和材料

脉冲模拟太阳光发生器、检验合格品组件、组件紫外老化检测仪。

二、操作步骤:组件紫外老化的测试

(1)通电之前先检查一下设备,确认是否漏电,水箱中是否有大量水,无误后方可通电。(夜晚下班前,要检查水箱中水是否满)

(2)把插座插上电源,打开设备后背的开关按钮,进入仪器的开始界面,点击进入仪器监控界面,如图 9-5 所示。

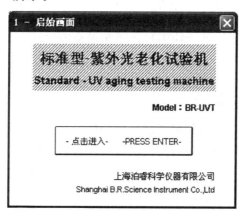

图 9-5 启始界面

(3)进入监控界面后,单击"参数设置"按钮,以此设置时间、温度、辐照度等试验参数,如图 9-6、图 9-7、图 9-8 所示。

注意:试验参数,应由高级工程师设定。一经设置好后,不要变动。

图 9-6 时间设置

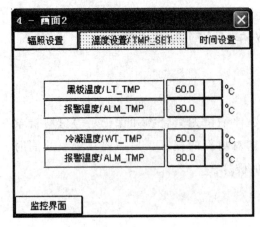

图 9-7　温度设置

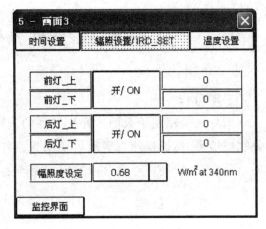

图 9-8　辐照设置

（4）单击仪器前面板的"RUN"按钮。若水槽中水足够多，仪器开始正式运行，分3个阶段：光照、冷凝和喷淋（喷淋时间设置为0时，则跳过此阶段），按照预设定的时间执行，先是光照，然后冷凝，最后是喷淋，喷淋完成后又回到光照，这样一直循环下去，直到设定的总时间达到就自动停止工作。

（5）若水槽中水较少时，试验机会自动从水箱里抽水，当水槽里面水足够时自动关闭液位开关，以停止抽水。

注意：夜晚下班前，一定要保证水箱中水是足够的，以维持夜间连续工作。

（6）运行过程中若要取样品或者放置样品，可以按一下"RUN"按钮，试验机暂停；若再按一下"RUN"按钮，则继续开始运行。如果想关机则按"RUN"按钮5秒后放开，则系统停止工作，再关后面板上的电源按钮。

（7）试验机如果长时间不用，则需把水箱中的水放掉，然后把水箱清理干净，试验机需定期清洗以保证仪器的使用寿命。

三、注意事项

（1）输入电源：220V，12A，单相，左零右相上接地；建议仪器使用环境：5～35℃、40%～85% RH，距离墙300mm，通风良好，室内环境清洁。工作占地：约234cm×353cm。

（2）紫外线辐射对人员（特别是眼睛）有强烈的危害，所以操作人员应尽量减少接触紫外线（接触时间应<1min）。建议操作人员佩戴防护目镜及护套。

（3）试验阶段应尽量减少开启箱门的时间；尤其在灯亮时，以免对人体有害。

（4）水箱必须保证每天都有足够的水（最好是纯水），当水位低于水泵时必须加水，防止因缺水而引起报警而停机或设备干烧从而弄坏仪器。

（5）设备运行过程中，一定要保持水箱中有充足的水。

（6）长时间停止使用后，如需再次使用，须仔细检查水源、电源及各部件，确定无误后再启动设备。

（7）替换荧光灯时，请先关闭电源；再打开侧门，提供光源。

（8）非专职操作人员，不得随意操作。

（9）设备出现自己无法排除故障时，请与设备生产商联系。

数据记录

填写表 9-3 所示的组件性能测试数据记录表。

表 9-3　组件性能测试数据记录表

组件序号	实测开路电压	实测短路电流	实测输出功率	结论
1				
2				
3				
存在的问题及改进建议：				
			操作员签字：	
			指导教师签字：	

第十章 光伏系统的安装与施工

任务一 光伏方阵的设计

任务目标

大型的光伏发电系统由许多光伏组件串并联成光伏阵列,设计光伏发电系统时应考虑以下三大关键因素:安装角度、电池容量、光伏阵列,它决定了系统的性价比。

一、系统原理

光伏发电系统的安装接线方框如图 10-1 所示。

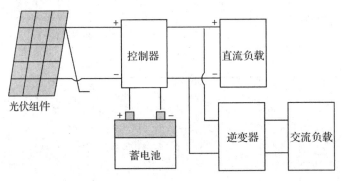

图 10-1 光伏发电系统的安装接线方框图

二、设计角度

太阳能电池方阵的方位角是方阵的垂直面与正南方向的夹角(向东偏设定为负角度,向西偏设定为正角度)。一般情况下,方阵朝向正南(即方阵垂直面与正南的夹角为 0°)时,太阳能电池发电量是最大的。在偏离正南(北半球)30°时,方阵的发电量将减少 10%～15%;在偏离正南(北半球)60°时,方阵的发电量将减少 20%～30%。但是,在晴朗的夏天,太阳辐射能量的最大时刻是在午后,因此方阵的方位稍微向西偏一些时,在午后时刻可获得最大发电功率。在不同的季节,太阳能电池方阵的方位稍微向东或西一些都有获得发电量最大的时候。方阵设置场所受到许多条件的制约;例如,在地面上设置时土地的方位角、在屋顶上设置时屋顶的方位角,或者是为了躲避太阳阴影时的方位角,以及布置规划、发电效率、设计规划、建设目的等许多因素都与太阳能电池方阵场所设置有关系。如果要将方位角调整到在一天中负荷的峰值时刻与发电峰值时刻一致时,请参考下述的公式。至于并网发电的场合,希望综合考虑以上各方面的情况来选定方位角。

方位角=(一天中负荷的峰值时刻(24 小时制)-12)×15+(经度-116)

倾斜角是太阳电池方阵平面与水平地面的夹角,并希望此夹角是方阵一年中发电量为最大时的最佳倾斜角度。一年中的最佳倾斜角与当地的地理纬度有关,当纬度较高时,相应的倾斜角也大。但是,和方位角一样,在设计中也要考虑到屋顶的倾斜角及积雪滑落的倾斜角(斜率大于 50%~60%)等方面的限制条件。对于积雪滑落的倾斜角,即使在积雪期发电量少而年总发电量也存在增加的情况,因此,特别是在并网发电的系统中,并不一定优先考虑积雪的滑落,此外,还要进一步考虑其他因素。对于正南(方位角为 0°),倾斜角从水平(倾斜角为 0°)开始逐渐向最佳的倾斜角过渡时,其日射量不断增加直到最大值,然后再增加倾斜角其日射量不断减少。特别是在倾斜角大于 50°~60°以后,日射量急剧下降,直至最后的垂直放置时,发电量下降到最小。方阵从垂直放置到 10°~20°的倾斜放置都有实际的例子。对于方位角不为 0°的情况,斜面日射量的值普遍偏低,最大日射量的值是在与水平面接近的倾斜角度附近。以上所述为方位角、倾斜角与发电量之间的关系,对于具体设计某一个方阵的方位角和倾斜角还应综合地进一步同实际情况结合起来考虑。

一般情况下,我们在计算发电量时,是在方阵面完全没有阴影的前提下得到的。因此,如果太阳能电池不能被日光直接照到,那么只有散射光用来发电,此时的发电量比无阴影的要减少 10%~20%。针对这种情况,我们要对理论计算值进行校正。通常,在方阵周围有建筑物及山峰等物体时,太阳出来后,建筑物及山的周围会存在阴影,因此在选择敷设方阵的地方时应尽量避开阴影。如果实在无法躲开,也应从太阳能电池的接线方法上进行解决,使阴影对发电量的影响降低到最低程度。另外,如果方阵是前后放置时,后面的方阵与前面的方阵之间距离接近后,前边方阵的阴影会对后边方阵的发电量产生影响。有一个高为 L_1 的竹竿,其南北方向的阴影长度为 L_2,太阳高度(仰角)为 A,在方位角为 B 时,假设阴影的倍率为 R,则

$$R=L_2/L_1=ctgA×cosB$$

此式应按冬至那一天进行计算,因为那一天的阴影最长。例如,方阵的上边缘的高度为 h_1,下边缘的高度为 h_2,则方阵之间的距离 $a=(h_1-h_2)×R$。当纬度较高时,方阵之间的距离加大,相应地设置场所的面积也会增加。对于有防积雪措施的方阵来说,其倾斜角度大,因此使方阵的高度增大,为避免阴影的影响,相应地也会使方阵之间的距离加大。通常在排布方阵阵列时,应分别选取每一个方阵的构造尺寸,将其高度调整到合适值,从而利用其高度差使方阵之间的距离调整到最小。具体的太阳能电池方阵设计,在合理确定方位角与倾斜角的同时,还应进行全面的考虑,才能使方阵达到最佳状态。表 10-1 列举了我国主要城市的辐射参数。

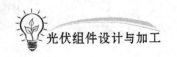

表 10-1　我国主要城市的辐射参数表

城市	纬度 Φ	日辐射量 Ht	最佳倾角 Φop	斜面日辐射量	修正系数 kop
哈尔滨	45.68	12 703	Φ+3	15 838	1.140 0
长春	43.90	13 572	Φ+1	17 127	1.154 8
沈阳	41.77	13 793	Φ+1	16 563	1.067 1
北京	39.80	15 261	Φ+4	18 035	1.097 6
天津	39.10	14 356	Φ+5	16 722	1.069 2
南京	32.00	13 099	Φ+5	14 207	1.024 9
太原	37.78	15 061	Φ+5	17 394	1.100 5
郑州	34.72	13 332	Φ+7	14 558	1.047 6
西宁	36.75	16 777	Φ+1	19 617	1.136 0
兰州	36.05	14 966	Φ+8	15 842	0.948 9
银川	38.48	16 553	Φ+2	19 615	1.155 9
西安	34.30	12 781	Φ+14	12 952	0.927 5
上海	31.17	12 760	Φ+3	13 691	0.990 0
长沙	28.20	11 377	Φ+6	11 589	0.802 8
广州	23.13	12 110	Φ−7	12 702	0.885 0
海口	20.03	13 835	Φ+12	13 510	0.876 1
南宁	22.82	12 515	Φ+5	12 734	0.823 1
成都	30.67	10 392	Φ+2	10 304	0.755 3
贵阳	26.58	10 327	Φ+8	10 235	0.813 5
昆明	25.02	14 194	Φ−8	15 333	0.921 6
拉萨	29.70	21 301	Φ−8	24 151	1.096 4
合肥	31.85	12 525	Φ+9	13 299	0.998 8
杭州	30.23	11 668	Φ+3	12 372	0.936 2
南昌	28.67	13 094	Φ+2	13 714	0.864 0
福州	26.08	12 001	Φ+4	12 451	0.897 8
济南	36.68	14 043	Φ+6	15 994	1.063 0

三、设计支架

　　光伏发电系统安装前的重要准备工作是：设计和制作适当的金属支架，用以支撑和架起光伏组件。支架应针对用户安装使用地点的具体情况专门设计，比如，光伏组件的安装是在室外空旷地还是在建筑物的屋顶上，需要根据实际情况具体考虑。下列两点因素对设计、生产和安装支架尤其重要，请充分考虑：

　　(1)应当避免洪水或其他不可预测事件的损坏，防止剧烈冲击。

　　(2)应当将组件的受光面朝向太阳辐射方向，设计一定的倾斜角，以保证尽可能地使太阳光线直接照射到组件受光表面。

四、设计电池参数

　　太阳能电池电源系统的储能装置主要是蓄电池。与太阳能电池方阵配套的蓄电池通常工作在浮充状态下，其电压随方阵发电量和负载用电量的变化而变化。它的

118

容量比负载所需的电量大得多。蓄电池提供的能量还受环境温度的影响。为了与太阳能电池匹配,要求蓄电池工作寿命长且维护简单。

1. 蓄电池的选用

能够和太阳能电池配套使用的蓄电池种类很多,目前广泛采用的有铅酸免维护蓄电池、普通铅酸蓄电池和碱性镍镉蓄电池三种。国内目前主要使用铅酸免维护蓄电池,因为其固有的"免"维护特性及对环境较少污染的特点,很适合用于性能可靠的太阳能电源系统,特别是无人值守的工作站。普通铅酸蓄电池由于需要经常维护及其环境污染较大,所以主要适于有维护能力或低档场合使用。碱性镍镉蓄电池虽然有较好的低温、过充过放性能,但由于其价格较高,仅适用于较为特殊的场合。

2. 蓄电池组容量的计算

蓄电池的容量对保证连续供电是很重要的。在一年内,方阵发电量各月份有很大差别。方阵的发电量在不能满足用电需要的月份,要靠蓄电池的电能给以补足;在超过用电需要的月份,是靠蓄电池将多余的电能储存起来。所以方阵发电量的不足和过剩值,是确定蓄电池容量的依据之一。同样,连续阴雨天期间的负载用电也必须从蓄电池取得。所以,这期间的耗电量也是确定蓄电池容量的因素之一。

蓄电池的容量 BC 计算公式为

$$BC = A \times QL \times NL \times TO/CC$$

式中:A 为安全系数,取 1.1～1.4 之间;

QL 为负载日平均耗电量,为工作电流乘以日工作小时数;

NL 为最长连续阴雨天数;

TO 为温度修正系数,一般在 0℃ 以上取 1,−10℃ 以上取 1.1,−10℃ 以下取 1.2;

CC 为蓄电池放电深度,一般铅酸蓄电池取 0.75,碱性镍镉蓄电池取 0.85。

五、方阵设计

1. 太阳能电池组件串联数 Ns

方阵的输出功率与组件串并联的数量有关,串联是为了获得所需要的工作电压,并联是为了获得所需要的工作电流,适当数量的组件经过串并联即组成所需要的太阳能电池方阵。将太阳能电池组件按一定数目串联起来,就可获得所需要的工作电压,但是,太阳能电池组件的串联数必须适当。串联数太少,串联电压低于蓄电池浮充电压,方阵就不能对蓄电池充电。如果串联数太多使输出电压远高于浮充电压时,充电电流也不会有明显的增加。因此,只有当太阳能电池组件的串联电压等于合适的浮充电压时,才能达到最佳的充电状态。

计算方法如下:

$$Ns = UR/Uoc = (Uf + UD + UC)/Uoc$$

式中:UR 为太阳能电池方阵输出最小电压;

Uoc 为太阳能电池组件的最佳工作电压;

Uf 为蓄电池浮充电压;

UD 为二极管压降,一般取 0.7V;

UC 为其他因数引起的压降。

蓄电池的浮充电压和所选的蓄电池参数有关,应等于在最低温度下所选蓄电池单体的最大工作电压乘以串联的电池数。

2. 太阳能电池组件并联数 Np

在确定 Np 之前,我们先确定其相关量的计算方法。

(1)将太阳能电池方阵安装地点的太阳能日辐射量 Ht,转换成在标准光强下的平均日辐射时数 H(日辐射量参见表 10-1):

$$H = Ht \times 2.778/10\,000h$$

式中:2.778/10 000(h·m²/kJ)是将日辐射量换算为标准光强(1 000W/m²)下的平均日辐射时数的系数。

(2)太阳能电池组件日发电量 Qp:

$$Qp = Ioc \times H \times Kop \times Cz$$

式中:Ioc 为太阳能电池组件最佳工作电流;

Kop 为斜面修正系数(参照表 10-1);

Cz 为修正系数,主要为组合、衰减、灰尘、充电效率等的损失,一般取 0.8。

(3)两组最长连续阴雨天之间的最短间隔天数 Nw,此数据为本设计之独特之处,主要考虑要在此段时间内将亏损的蓄电池电量补充起来,需补充的蓄电池容量 Bcb 为:

$$Bcb = A \times QL \times NL$$

(4)太阳能电池组件并联数 Np 的计算方法为:

$$Np = (Bcb + Nw \times QL)/(Qp \times Nw)$$

并联的太阳能电池组组数,在两组连续阴雨天之间的最短间隔天数内所发电量,不仅供负载使用,还需补足蓄电池在最长连续阴雨天内所亏损电量。

3. 太阳能电池方阵的功率计算

根据太阳能电池组件的串并联数,即可得出所需太阳能电池方阵的功率 P:

$$P = Po \times Ns \times NpW$$

式中:Po 为太阳能电池组件的额定功率。

六、设计实例

以广州某地面卫星接收站为例,负载电压为 12V,功率为 25W,每天工作 24 小时,最长连续阴雨天为 15 天,两最长连续阴雨天最短间隔天数为 30 天,太阳能电池采用云南半导体器件厂生产的 38D975×400 型组件,组件标准功率为 38W,工作电压 17.1V,工作电流 2.22A,蓄电池采用铅酸免维护蓄电池,浮充电压为(14±1)V。其水平面太阳辐射数据参照表 10-1,其水平面的年平均日辐射量为 12 110kJ/m²,Kop 值为 0.885,最佳倾角为 16.13°,计算太阳能电池方阵功率及蓄电池容量。

1.蓄电池容量 Bc

$$Bc=A×QL×NL×To/CC=1.2×(25/12)×24×15×1/0.75=1\ 200\text{Ah}$$

2.太阳能电池方阵功率 P

$$Ns=UR/Uoc=(Uf+UD+UC)/Uoc=(14+0.7+1)/17.1=0.92≈1$$

$$Qp=Ioc×H×Kop×Cz=2.22×12\ 110×(2.778/10\ 000)×0.885×0.8≈5.29\text{Ah}$$

$$Bcb=A×QL×NL=1.2×(25/12)×24×15≈900\text{Ah}$$

$$QL=(25/12)×24=50\text{Ah}$$

$$Np=(Bcb+Nw×QL)/(Qp×Nw)=(900+30×50)/(5.29×30)≈15$$

故太阳能电池方阵功率 $P=Po×Ns×Np=38×1×15=570\text{W}$

任务二　组件的安装施工

一、安装原则

1. 安装地点

必须选择阳光充足、无建筑物、树木或地形遮挡、环境干燥、无振动的平坦地方安装光伏电池阵列。

2. 固定支架

按组件的大小做成相应的角铁支架,将组件用螺钉固定,支架放置于地面应平整不晃动。有大风的地方应对支架进行加固,在无硬化的地上钉帐篷钉,硬化的地上可预埋螺栓或用重物镇压。光伏组件的平面应与地面成一定的倾斜角度,角度的大小应根据当地的纬度确定,在固定过程中,光伏组件表面如被污染,应立即用软布擦洗干净,不允许存有油迹和污斑。

3. 连接装置

光伏组件之间串并联的连接,光伏组件与控制器充电插孔之间的连接,必须用橡皮绝缘电缆线,其主要导线截面按电流大小确定,原则上不得小于 $4mm^2$。其接插件应接触可靠,外露部分应有防水防尘性能。

二、产品装卸

安装光伏发电系统的第一步,是将包括光伏组件产品在内的全部元器件及辅助设备运抵安装现场,按运输与搬运装卸的规范要求实行产品的核查、装卸、堆放。

在运输中所有元器件、零部件都要妥善包装,注意防潮、防压、防水、防止和外来硬物互相撞击。摆放要易于顺序拿取,以便提高安装效率。

三、安装和固定

无论光伏阵列是安装在建筑物屋顶上,还是在野外,安装光伏组件阵列时应尽可能使组件正面朝向正午时的太阳光线,尽量根据当地太阳倾角进行准确的安装角度的调整,以保证光伏阵列实现最大的太阳辐射接收量。

光伏组件阵列调整好安装位置后,便可进行组件的固定,请注意保证组件背面安装孔与支架安装孔相互对正同心,用扳手固定不锈钢螺栓螺母。

四、接线操作

(1)根据用户系统的电流、电压、功率要求与配置以及相应绘制的串并联施工图,用符合电工规范的线缆对组件进行串并联。

（2）根据光伏系统的技术要求，按说明书将光伏组件阵列与配电箱内的接线柱进行连接。

光伏组件与控制器之间由于导线的连接由室外到室内且距离较长，为防止外界环境的影响，使导线加速老化或损坏，可将导线穿入 PVC 管埋入地下接入房间（不包括便携式光伏电源产品）。

系统中逆变器与蓄电池之间由于承载低电压、大电流，则要求边线距离尽可能短，并将其放置于不易被外界干扰的位置。

导线与部件间的连接部、导线索与导线间的接头处必须保证良好的绝缘和保持其周边干燥。

五、蓄电池（组）安装

（1）蓄电池应直立放置，不可倒置或平躺。

（2）蓄电池之间与控制器之间的连线应牢固不松动，其绝缘导线的粗细应根据电池容量选择。

（3）蓄电池一般可放置在控制器箱内，其环境温度应控制在 $-5 \sim 40 ℃$ 范围内。此外，蓄电池（组）及控制逆变器部件要求放置于较为干燥且周边环境温度变化范围较小的地方。

六、逆变、控制器安装

（1）逆变、控制器应放置在室内干燥、无腐蚀性气体、避免阳光直射的地方。一般放置于易操作的地方，且应放置在稳固及孩童不易触及的地方。

（2）逆变、控制器与最远负载之间的距离应尽可能短。

（3）当使用非密封式的汽车蓄电池时，则逆变、控制器应与蓄电池隔离放置，以避免酸雾腐蚀。

（4）由于蓄电池与控制器之间的连接线电流较大，其边接距离（导线长度）应尽可能短。

七、负载选择

（1）负载总功率的大小不应超过太阳能光伏组件或控制器的输出功率。

（2）应根据蓄电池的容量来选择负载功率，其基本要求是在正常日照时，蓄电池每天贮存的太阳能能满足负载一天使用的电能或有部分盈余。

（3）对交流负载，应选择能适用逆变器的输出波形特性的电器。如用只能使用正弦波交流电的电器，应选择有标准正弦波输出的逆变器。

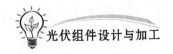

八、注意事项

(1)严格避免各种用电器及导线短路,太阳能光伏组件支架安装必须牢固、稳定。

(2)太阳能光伏组件必须按正确方位角及倾斜安装,避免尘垢污染。

(3)当电压指示在11V以下警示区时(红色区或听到报警声),表明蓄电池充电不足,应立即关断开关,停止使用,再次充电至正常使用区(或绿色区)以上方可使用(具有自动控制功能的产品除外)。

(4)太阳能光伏组件或控制器、逆变器接好后不宜经常插拔。

(5)箱体切勿倾斜,更不可倒置,以免电解液溢出,损坏设备或伤及人体。

(6)蓄电池正负两极切不可短路,否则将因严重过热而损坏蓄电池。

(7)设备间灯具必须用专用高效节能灯,不可使用其他灯具,切勿触摸灯头电极,不可擅自加长电线或其他用电器连线,首次使用前最好先将蓄电池充满电再行使用。

(8)严禁将直流电源及用电器接入交流电源。

(9)未成年人禁止进入光伏电池阵列。

任务三　组件的维护与管理

一、光伏组件维护

太阳能电池组件在出厂前已经过 GB/T 19064—2003 或 IEC 61215-1993(地面用晶体硅光伏组件中设计鉴定与定型)等产品质检标准的各项性能测试。如在运输和贮存的过程中,未出现外观严重缺陷等问题;在规定工作环境下,使用寿命应大于 20 年(使用 20 年,效率大于原来效率的 80%)。太阳能光伏组件的质量是可靠的,因此在维护保养方面较为简单、易行,用户应经常保持板面清洁,抹去灰尘,尤其要避免污物遮盖,产生热斑效应。如有可能,下雨天用塑料布遮盖,防止金属部件氧化生锈,有大风的地方注意加固支撑,避免刮倒,导致损坏。

由于太阳能电池的制造工艺的特殊性,对于较严重的故障,如无输出或输出功率大幅降低等,一般用户无法自行检修;如在质量保证期内则应找产品厂家更换或找其保修部门处理。

二、蓄电池维护

蓄电池完成直流电能的存储并适时供给用电器所需电能,就目前技术状况(国内尚无光伏系统专用蓄电池)多用密闭式铅酸蓄电池作为代用品。从市场需求看,以使用便利、安全、免维护为主。光伏系统蓄电池通常在浮充状态下使用,如使用得当,其使用寿命可大大提高。通常应放在通风干燥、散热条件良好的地方,并要远离发热特体,避免高温和冷冻,保持表面清洁。如在室外,要注意防风沙、防雨、防强太阳光曝晒或冷冻。使用过程中避免过充或过放,也不能长期搁置不用,如遇长时间不用时,应置于阴凉干燥处,并至少每隔两个月充电一次。

1. 放电状态

阀控式密封铅酸电池使用环境温度范围通常为 $-20 \sim 40℃$。环境温度对电池容量的影响如表 10-2 所示。连续放电电流要求为 $3C_{20}/C_{10}$(额定容量)以下。放电终止电压随电流大小而变化。放电时,电压不得低于表 10-3 所定电压。

表 10-2　环境温度对电池容量的影响

温度/℃ 时间/min	−15	−10	−5	0	10	15	20	25	30	35	40
5	0.46	0.52	0.58	0.65	0.78	0.85	0.93	1.00	1.07	1.15	1.22
60	0.59	0.64	0.69	0.74	0.85	0.90	0.95	1.00	1.05	1.09	1.14
600	0.71	0.75	0.79	0.82	0.90	0.93	0.97	1.00	1.00	1.06	1.08

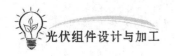

放电终止电压随放电电流的变化终止电压阈值,如表10-3所示。

表 10-3　放电电流与放电终止电压的变化

放电电流 I/A	放电终止电压 (V/单体)	放电电流 I/A	放电终止电压 (V/单体)
$I \leqslant 0.2C_{20}/C_{10}$	1.75	$0.6C_{20}/C_{10} \leqslant I < 1.0C_{20}/C_{10}$	1.6
$0.2C_{20}/C_{10} \leqslant I < 0.6C_{20}/C_{10}$	1.70	$I \geqslant 1.0C_{20}/C_{10}$	1.4

2. 充电状态

(1)浮充使用。2.275V/单体(25℃±2℃)恒压充电,温度在20℃以下或30℃以上时,应对充电电压进行修正,温度每升高1℃,浮充电压降低3mV/单体,反之提高3mV/单体。不同温度下的浮充电压如表10-4所示。

表 10-4　不同温度下的浮充电压

温度/℃	浮充电压/V	温度/℃	浮充电压/V	温度/℃	浮充电压/V
1	2.33~2.36	20	2.27~2.30	30	2.24~2.27
10	2.30~2.33	25	2.25~2.28	35	2.22~2.25

(2)循环使用(快速充电)。2.45V 单体(25℃±2℃)恒压充电,温度在20℃以下或30℃以上充电时,应对充电电压进行修正,温度每升高1℃,充电电压降低3mV/单体,反之提高3mV/单体。最大充电电流不应超过 $0.3C_{20}/C_{10}$。

(3)充入电量设置放出电量的105%~115%(环境温度在15℃以下时,应设为放出容量的115%~125%)或恒压后充电电流3小时基本稳定不变,充电终止。

(4)温度越低(5℃以下),充电效率就越低,电池就越有充电不足的隐患;温度越高(35℃以上)越容易发生电池热失控的隐患,所以推荐电池使用环境温度为5~30℃。

(5)为防止过充电,应安装防过充控制器。

(6)充电电流推荐 $0.05C_{20}/C_{10}$ 的范围波动,最大波动范围不能超过 $0.1C_{20}/C_{10}$;充电电压允许在±2.5%的范围内瞬间波动。

3. 蓄电池的贮存

(1)贮存环境温度注意不要超过-15~45℃范围。

(2)电池贮存前应处于完全充电状态,贮存地点应清洁、通风、干燥,并对电池有防尘、防潮、防碰撞等防护措施,严禁将电池置于封闭容器中。

(3)由于电池在贮存过程中会发生性能劣化,要尽可能缩短电池的贮存期限。

(4)长期贮存时,为弥补电池自放电,要进行补充充电,补充充电的方法如表10-5所示。

表 10-5　补充充电方法

贮存温度	补充电的间隔	补充电方法(任选一种)
25℃以下	6 个月一次	(1)以 $0.25C_{20}$ 限流、2.275V/单体的恒压充电 2～3 天
25～30℃	4 个月一次	
30～35℃	3 个月一次	(2)以 $0.25C_{20}$ 限流、2.40V/单体的恒压充电 10～16 小时
35～40℃	2 个月一次	

4. 注意事项

(1)放电后应迅速充电。

(2)严防电池短路,以免引起电池爆炸或设备损坏。

(3)严防将电池放在靠近热源的地方,以防电池变形和产生可燃气体。

(4)严防将电池置于密闭容器中使用,否则,由于电池过度充电产生的气体可能引发电池爆炸。

(5)0～35℃的温度条件下使用,有助于延长电池寿命。

(6)若使用过程中会造成电池剧烈振动,请将电池紧固安装,以防产生火花。

(7)注意电池间连线正确无误,无松动,不要短路。

(8)定期对电池进行检查,如发现性能异常、鼓壳、裂纹、变形、漏液,应及时与供应方联系,查清原因,更换电池。

(9)必须定期擦净蓄电池外部灰尘,可用室温水或温水浸湿过的布片进行清理,不得使用有机溶剂(如汽油、乙醇等)进行清洗,以防损坏电池壳。另外,避免使用化纤布片。

三、控制器维护

太阳能光伏电源系统中,控制器在满足了基本使用条件下,其基本功能是对蓄电池工作状态进行有效监控,选择与负载相匹配合理的输出配电方式,要求它可靠性高,以便于在偏远地区使用,而且以维修方便为首要指标。因此,复杂的电路虽可在一定程度上增强系统功能,但无疑降低了可靠性,增加了维修难度,对于适用普及产品不宜采用,可采用用户使用方便和安全的定向固定插接及避免短路损坏的保险器件(可更换或 PTC 自恢复)。较高质量的光伏系统都加置蓄电池充放电控制器,采用电子自动化技术保证蓄电池使用寿命。

一般而言,一旦控制器发生故障,由分立电子元器件构成的 PCB 电路板较易修复,而包含有大规模的集成电路等印刷器件的 PCB 电路板不易修复,只能整体更换。

四、逆变器

逆变器是将蓄电池的直流电压转换为 220V 的交流电压(DC/AC),以供常用的交流电器使用,逆变器电路较为复杂,直流输入有 12V、24V、48V 等,交流输出波形有

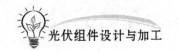

非正弦波（方波、阶梯波、脉冲波等）及正弦波两种，对于一般负载（阻性），如收录机、电视机等，可用非正弦波。但对于电感性负载，如电机、变压器、冰箱压缩机等，必须使用正弦波逆变器，但价格较高。另外，逆变器的输出功率应与负载功率相适应，过轻或过重将使逆变器转换效率降低、电压升高或损坏。光伏电源专用逆变器一般有过载指示和短路保护功能。逆变器的效率（输出功率与输入功率之比）应达到80%以上。

任务四 组件的返修

一、理论阅读

太阳能电池组件是一种特殊商品,它的使用环境和要求的使用寿命是其他商品无法比拟的。使用环境:野外无防护;使用温度:40～85℃;环境湿度最大可达95%;长期受强光辐照和冰雹、风沙、雷电等恶劣天气影响,以及腐蚀性气体和物质影响;寿命:商业产品达25年。

组件在使用中常见的问题及故障分析:

1.无输出即无功率

故障分析:

(1)断路性故障:脱焊、电池电极烧结不良、虚焊。

(2)短路性故障:汇流条短路、二极管击穿。

2.组件功率衰减过大

故障分析:

(1)串联电阻增大、电池焊带疲劳、焊接不良、接线盒接触不良。

(2)并联电阻减小、电池微短路、二极管反流。

3.EVA脱层和再熔化、气泡

故障分析:EVA过期或污染、玻璃污染、环境污染。

4.TPT折皱、剥离或脱层

故障分析:TPT存放和使用时间过长、TPT组件工艺不良、玻璃污染、环境污染。

5.其他故障

接线盒移位、电池串移位、接线盒接触不良、接线盒二极管性能、接线盒密封不良。

二、准备工作

(1)穿好工作衣、工作鞋,戴好工作帽、隔热手套。
(2)清洁、整理工作场地、设备和工具。

三、操作过程

1.对组件内部气泡的处理

(1)小心取下TPT并保持整洁。

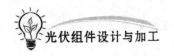

（2）小心挖开气泡。

（3）覆盖一张相应规格的 EVA，然后覆盖上 TPT。

2. 对组件叠片或碎片的处理

（1）小心取下 TPT 并保持整洁。

（2）将叠片/碎片铲除，并清洁被铲除的区域，注意不要损坏周围完好的芯片。

（3）用一张小的 EVA 覆盖被铲除区域。

（4）用同档芯片小心焊接上去。

（5）覆盖一张相应规格的 EVA，然后放上 TPT。

对组件内部气泡和叠片或碎片的处理要在返修单上做好记录。

四、操作结束后进行自检

（1）返修的组件内无明显杂物。

（2）返修单清晰明了。

（3）返修完毕送层压、固化工序。

阅读材料

某企业光伏组件的质量保证书

凯特太阳能有限公司对使用该公司产品的用户，按照规定的质保等级条件提供下列有限责任的质量保证服务。

质量保证期限：是指从用户购买该产品之日起算起的时间。

质量保证内容以如下简表说明：

质量保证标识	材料和制造质量保证	输出功率质量保证
20—10—2	2 年内，有限责任下保证产品的材料与制造无缺陷	10 年内，有限责任下保证产品输出功率下降：不大于 10% 20 年内，有限责任下保证产品输出功率下降：不大于 20%

一、质量保证条款说明与解释

（1）2 年的材料和制造质量保证。

本公司对产品的材料和制造进行有限责任的质量保证，在其销售的产品质量保证期限内，不应当出现材料和制造方面的缺陷，如经检验，确属发生该类缺陷，本公司在如下条款的前提下，提供质量保证服务：公司对产品缺陷进行维修、修理、更换；或由用户在征得本公司同意的前提下，自行进行维修、修理、更换，所发生的费用按本公司的计算对用户进行补偿。

（2）关于产品输出功率下降比例的质量保证。

本公司对所售出的产品：

10 年内，有限责任下，保证产品输出功率下降不大于 10％；

25 年内，有限责任下，保证产品输出功率下降不大于 20％。

如果经本公司在标准测试条件（STC）下检测后确定：其产品在保证期内，若输出功率未达到质量保证的范围，本公司将进行维修、修理、更换，使其功率输出达到质量保证的范围。

二、一般信息与通用条件

下列条件适用于所有进行质量保证的产品：

（1）根据本质量保证书，本公司在产品维修、修理、更换后，更换下来的部件或产品属于本公司所有。

（2）根据本质量保证书，本公司不承担用户方面由于维修、修理、更换时所发生的现场劳务、产品拆卸及运输的费用。

（3）本质量保证书强调将对如下用户的利益进行保障：

①购买者购买该产品时，是以其自用而非以转卖为目的；

②建筑物的购买者，该产品在购买时已被安装在其建筑物上。

三、有限与免责条款

下列有限与免责条款内容适用于所有质量保证下的产品：

（1）质量保证条款对由下列原因引起的损坏、损伤、故障或工作失灵不承担责任：

①未遵守本公司的安装、操作或维修说明引起；

②由非本公司认定的技术服务人员修理、调整、搬运产品，或者未征得本公司同意，擅自将产品与不恰当的非本公司的设备进行连接引起；

③不当地使用或疏忽行为引起；

④断电冲击、雷击、火灾、洪水、虫害、意外损失以及第三方的行为引起，或者是本公司无法控制的、在正常操作下不会发生的其他事件引起。

（2）除了在此明确和隐含的保证之外，本公司不再有其他附加的质量保证含义的解释。

（3）任何隐含的保证（包括为某一特定目的的适用性保证），也仅局限在本质量保证的期限内。

（4）本公司不对任何由于违反质保条款的不当使用所引起的损坏、丢失负责；对于材料和制造引起的缺陷，购买方获得的补偿最高以购买价格为限。

（5）如果购买方是自然人，本质量保证对购买人的疏忽行为引起的个人人身伤亡不存在相关关系。

本公司对公司雇员及代理人员的疏忽行为造成购买方人身伤亡的不构成连带责任。

（6）购买方购买行为的法定权利不受此质量保证的影响。

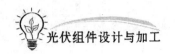

CS-08B 型太阳能控制器使用说明书

一、简介

太阳能电源控制器是有效控制太阳能电池向蓄电池充电,使蓄电池在安全工作电压、电流范围内工作的装置。它的控制性能直接影响蓄电池的使用寿命和系统效率。诚信品牌太阳能电源控制器采用微电脑芯片和无触点控制技术,并具备接反、欠压、过充、短路、过流各种保护功能,可为牧区、边防、海岛提供照明,也可作为移动通信基站、微波站等的直流电源。

二、保护及温度补偿功能

蓄电池接反保护:蓄电池"+""−"极性接反,保险丝熔断,控制器不工作,更换保险丝后可继续使用。

太阳能电池接反保护:太阳能电池"+""−"极性接反,有防反电路无法充电,纠正后可继续使用。

负载过流及短路保护:负载电流超过额定电流或负载短路后,保险丝熔断,更换后可继续使用。

蓄电池开路保护:万一蓄电池开路,若在太阳能电池正常充电时,控制器将限制负载两端电压,以保证负载不被损伤;若在夜间或太阳能电池不充电时,控制器由于自身得不到电力,不会有任何动作。

温度补偿功能:本机带有温度补偿功能,温度升高,充电保护点将相应降低。

三、技术指标

技术指标如下表所示。

型号\指标		CS-08B
额定电压(V_{DC})		12
额定电流(A)		8
允许太阳能充电最大电流(A)		8
允许太阳能最大开路电压(V)		25
过充(V)	保护	14.4
过充(V)	恢复	13.6
过放(V)	断开	10.8
过放(V)	恢复	11.7
空载电流(A)		0.02
电压降落(V)	太阳能电池与蓄电池之间	0.4
电压降落(V)	蓄电池与负载之间	0.2
外形尺寸(长宽高 mm)		185×110×45
参考重量(kg)		0.5
使用环境温度(℃)		−20~50
使用海拔(m)		≤5 000

四、安装

(1)请按接线端子接线,先接蓄电池,再将太阳能电池接入"太阳能输入"端子,最后将负载接入"负载"端子。

(2)接线端子示意图如下:

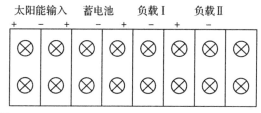

五、工作过程说明

(1)初次开机,若蓄电池电压大于10.8V,两路输出均输出10秒钟后关断,且6分钟内未接入太阳能将有输出。

(2)该控制器带光控功能。太阳能电池板对蓄电池充电能力的强弱依赖于太阳光的强弱。当太阳能电池板的电压持续高于5.1～6.2V(可调,且顺时针方向旋动"关闭"电位器,关闭电压点将上升)至少6分钟时,系统认为太阳光较强处于白天,此时控制器将关断输出;当太阳能电池板的电压持续低于1.5～1.7V(可调,且顺时针方向旋动"启动"电位器,启动电压点将上升)至少6分钟时,系统认为太阳能较弱或处于黑天,此时控制器将闭合输出。

(3)光控定时功能使用方法:

①负载1、2拨码开关未打至"ON"状态时,两路输出均为光控不定时状态。

②负载1拨码开关全部打至"ON"状态时,定时时间为1+2+3+4+5=15小时,如果需定时6小时,则把拨码开关"1、5"或"1、3"或"2、4"三种组合中的任一种组合打至"ON"状态即可。负载2的拨码开关定时时间选择方法同负载1。

③负载1拨码开关未打至"ON"状态时,负载2的输出不受负载1关断的影响。

④"方式"拨码开关仅使用1档,2档未使用,"方式"拨码开关1档打至"ON"状态时,负载2输出不受负载1关断影响;"方式"拨码开关1档未打至"ON"状态且负载1处于光控定时状态时,负载2的输出为负载1光控定时结束后启动。

(4)当蓄电池的电压高于14.4V时处于过充状态,将关断太阳能充电,延时3分钟后且蓄电池电压降到13.6V时太阳能将重新充电。

(5)当蓄电池的电压低于10.8V时处于过放状态,输出延时10秒钟后将关断控制器的输出,电压恢复到11.7V时且太阳能电压持续高于"关闭"电压至少6分钟后且太阳能电压又持续低于"启动"电压6分钟后,控制器将重新输出。

六、指示灯介绍

指示灯示意图:

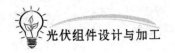
(1)充电灯:"充电"灯亮表明太阳能电池板在充电,熄灭表明充满或是在黑天。

(2)电量灯:"电量"灯指示蓄电池电量多少。以 12V 系统为例,当蓄电池电压小于或等于 10.8V 时,电量灯为红色且闪烁;当电压在 10.8~12.3V,电量灯为红色但不闪烁;当电压在 12.3~12.8V 时,电量灯为橙红色;当电压大于 12.8V 时,电量灯为绿色。

(3)负载Ⅰ灯:灯亮表明负载Ⅰ有输出。

(4)负载Ⅱ灯:灯亮表明负载Ⅱ有输出。

七、安全警告及注意事项

(1)请不要在接太阳能电池的端子上接稳压电源或任何充电器,否则会损坏控制器。

(2)请不要将蓄电池错接到太阳能电池的端子上。

参 考 文 献

[1]车孝轩.太阳能光伏系统概论[M].武汉:武汉大学出版社,2006.

[2]杨旸,郑军.光伏组件制造工艺及应用[M].北京:高等教育出版社,2011.

[3]马天琳,付江鹏.太阳能电池生产技术[M].西安:西北工业大学出版社,2015.

[4]颜慧.太阳能光伏发电技术[M].北京:中国水利水电出版社,2014.

[5]杨旸,郑军.光伏产品开发及生产工艺[M].北京:高等教育出版社,2011.